环境工程原理与实验研究

张阳 焦燕 著

中国纺织出版社有限公司

内 容 提 要

　　环境工程学是环境科学的一个分支,它主要研究的内容是运用工程技术和有关学科的原理和方法,保护和合理利用自然资源,防治环境污染,以改善环境质量。本书通过对环境工程的系统讲解,分别对流体流动、非均相物系的分离、环境微生物、液—液萃取、膜分离技术等内容进行剖析,最后把理论与实际相结合,在介绍环境工程实验教学的前提下,对水污染、大气污染、固体废物污染与环境噪声污染进行控制实验。全书详略得当、脉络清晰,对环境工程原理与实验研究具有一定的指导作用,可供环境工程相关人员进行阅读参考。

图书在版编目(CIP)数据

环境工程原理与实验研究 / 张阳,焦燕著. — 北京 :
中国纺织出版社有限公司,2023.7
　　ISBN 978-7-5229-0784-0

　　Ⅰ.①环… Ⅱ.①张… ②焦… Ⅲ.①环境工程学-
实验-研究 Ⅳ.①X5-33

中国国家版本馆 CIP 数据核字(2023)第140776号

责任编辑:茹怡珊　　责任校对:江思飞　　责任印制:储志伟

中国纺织出版社有限公司出版发行
地址:北京市朝阳区百子湾东里 A407 号楼　邮政编码:100124
销售电话:010—67004422　传真:010—87155801
http://www.c—textilep.com
中国纺织出版社天猫旗舰店
官方微博 http://weibo.com/2119887771
北京虎彩文化传播有限公司印刷　各地新华书店经销
2023 年 7 月第 1 版第 1 次印刷
开本:787×1092　1/16　印张:11.625
字数:187 千字　定价:98.00 元

前　言

　　人类社会的发展，特别是近百年来工业的发展和科学技术的突飞猛进，给人类社会创造物质和精神财富的同时，也给人类的生存环境带来了严重的威胁和灾难，保护人类生存环境已引起全世界的普遍关注，也对环境类人才培养提出了更高要求，本书的编写目的是培养实践能力强、创新能力强、具备国际竞争力的高素质复合型新工科人才，加快环境工程原理课程发展、培养高素质环境工程专业人才、有效支撑生态文明建设和社会经济高质量发展。

　　本书共七章，第一章概述了流体流动，第二章介绍了非均相物系的分离，第三章分析了环境微生物反应动力学及反应器操作，第四章介绍了液—液萃取技术，第五章介绍了膜分离技术，第六章为环境工程实验教学，第七章为环境工程试验。

　　在本书编写过程中引用、借鉴了国内外相关教材、著作和论文，在此表示感谢。由于各种原因，且囿于知识背景与见识，书中难免有疏漏与不妥之处，恳请广大读者不吝赐教。

著　者

2023 年 4 月

目 录

第一章

流体流动

第一节　概述

一、流体及流体力学

(一)流体基本特征

流体最基本的特征是具有流动性,这也是区别于固体的最基本特性。因此,凡是在一般条件下不能像固体那样保持一定形状而具有流动性的物质,统称为流体,包括液体和气体两大类。

(二)流体力学

流体力学包括流体静力学和流体动力学两部分,它以流体为对象来研究流体静止和运动时的力学规律,并着重研究这些规律在工程实践中的应用。

(三)流体力学的应用

流体力学不仅是环境工程专业的基础理论,而且在国民经济的许多部门中有着广泛的应用。如水源取水构筑物、给水处理构筑物、污水处理构筑物、大气监测技术等方面都必须遵循流体运动的一般规律,否则就达不到预期的效果。再如,水利、电力、冶金、化工等行业生产中都会涉及流体力学。事实上,随着流体力学理论的深入发展和科学技术及经济建设的突飞猛进,流体力学在工程实践中的应用范围越来越广。

二、流体的压缩性与热膨胀性

(一)流体的压缩性

流体在外力的作用下,其体积或密度随压强和温度的变化而变化的性质,称为流体的压缩性。一般来说,实际流体都是可压缩性流体。但由于液体的体积随压强和温度的变化极小,工程上可作为不可压缩性流体考虑。而与之相反,气体的体积随压强和温度的变化会有明显的改变,故气体称为可压缩性流体。

(二)流体的热膨胀性

流体在温度改变时,其体积或密度可以改变的性质,称为流体的热膨胀性。流体的热膨胀性可用热膨胀系数 β 来衡量。β 的物理意义是在恒压下流体体积随温度的变化率,即

$$\beta = \frac{1}{V}\left(\frac{\partial V}{\partial T}\right)_P \tag{1-1}$$

β 是温度的函数。通常情况下,气体热膨胀系数比液体热膨胀系数大得多。一般情况下,若流体流动的温度变化不大,热膨胀性的影响通常可忽略不计,只有在某些特殊情况下,如水管阀门突然关闭时发生水锤现象,才需要考虑水的热膨胀性。

三、流体的主要物理学性质

在流体力学中,有关流体的主要物理力学性质有以下几方面。

(一)密度与比体积

1. 密度(ρ)

密度是单位体积流体所具有的质量,以 ρ 表示

$$\rho = \frac{m}{V} \tag{1-2}$$

式中:ρ ——流体的密度,kg/m^3;

m ——流体的质量,kg;

V ——流体的体积,m^3。

（1）液体的密度

一般液体可视为不可压缩性流体，其密度基本不随压力的变化而变化，但随温度的变化而变化。对大多数液体而言，温度升高，则密度下降。因此，选用液体的密度时要注意该液体所处的温度。

纯液体的密度可用仪器测量，通常采用相对密度计法（比重计法）和测压管法。相对密度计的读数为相对密度（ d_{277K}^{T} ），是指流体的密度与277K时水的密度之比，量纲一。

$$d_{277K}^{T} = \frac{\rho}{\rho_{H_2O,277K}} \tag{1-3}$$

式中： $\rho_{H_2O,277K}$ ——水在277K时的密度，数值为1000kg/m³。故上式可写为：

$$\rho = 1000 d_{277K}^{T}$$

对于液体混合物，当混合前后的体积变化不大时，工程计算中其密度可由下式计算：

$$\frac{1}{\rho_m} = \sum_{i=1}^{n} \frac{w_i}{\rho_i} \tag{1-4}$$

式中：ρ_m ——液体混合物的密度，kg/m³；

w_i ——液体混合物中 i 组分的质量分数；

ρ_i ——液体混合物中 i 组分的密度，kg/m³。

（2）气体的密度

气体是可压缩性流体，其密度随压强和温度的变化而变化，因此，气体的密度必须标明其状态。气体密度往往是某一指定条件下的数值，这就需要将查得的密度换算成操作条件下的密度，换算公式为：

$$\rho = \rho_0 \frac{T_0}{T} \times \frac{\rho}{\rho_0} \tag{1-5}$$

式中，下标"0"表示标准状态。一般情况下，当压强不太高、温度不太低时，纯气体也可按理想气体来处理，即可用下式计算：

$$\rho = \frac{\rho M}{RT} \tag{1-6}$$

式中：ρ ——气体的绝对压强，kPa；

T ——气体的热力学温度，K；

M —— 气体的摩尔质量,kg/kmol;

R —— 气体通用常数,值为 8.314kJ/(kmol·K)。

对于混合气体,可用平均摩尔质量 M_m 代替 M,即:

$$\rho_m = \frac{\rho M_m}{RT} \tag{1-7}$$

$$M_m = \sum_{i=1}^{n} y_i M_i$$

式中:y_i —— 各组分的摩尔分数(体积分数或压强分数);

M_i —— 各组分的摩尔质量,kg/kmol。

2. 比体积

单位质量流体所具有的体积称为流体的比体积(也称质量体积),以 v 表示,单位为 m^2/kg。比体积在数值上等于密度的倒数,即:

$$v = \frac{V}{m} = \frac{1}{\rho} \tag{1-8}$$

(二)压强

1. 压强的定义

垂直作用于流体单位面积上的压力称为流体的压强,俗称压力,表示静压力强度,以 p 表示,国际单位为 Pa,定义式为:

$$p = \frac{F}{A} \tag{1-9}$$

式中:p —— 流体的静压强,Pa;

F —— 垂直作用于流体表面上的压力,N;

A —— 作用面的面积,m^2。

2. 压强的特性

在连续静止的流体内部,压强为位置的连续函数,任一点的压强在各个方向上相等,与作用面垂直,并指向流体内部。

3. 压强的单位及其换算

在国际单位制(SI 制)中,压强的单位是 Pa 或 N/m^2。在工程单位制中,压强的单位是 at 或 kgf/cm^2,习惯上还采用其他单位。它们之间的换算关系为:

$1atm = 1.013 \times 10^5 Pa = 1.033 kgf/cm^2 = 760 mmHg = 10.33 mH_2O = 1.0133 bar$

$1at = 9.81 \times 10^4 Pa = 1 kgf/cm^2 = 735.6 mmHg = 10 mH_2O$

在工程实践过程中,为了简便直观,常用流体柱的高度表示流体的压强,但必须指明流体的种类(如 $mmHg$、mH_2O 等)及温度,才能确定压强 p 的大小,否则即失去了表示压强的意义,其关系式为:

$$p = \rho g h \tag{1-10}$$

式中:h ——液柱的高度,m;

ρ ——液体的密度,kg/m^3;

g ——重力加速度,m/s^2。

4. 压强的表达方式

压强在实际应用中可有 3 种表达方式:

(1)绝对压强

绝对压强(简称绝压)是指流体的真实压强,更准确地说,它是以绝对真空为基准测得的流体压强,用 p 表示。

(2)表压强

表压强(简称表压)是指工程上用测压仪表以当时、当地大气压强为基准测得的流体压强,用 $p_{表}$ 表示。

(3)真空度

当被测流体内的绝对压强小于当地(外界)大气压强时,使用真空表进行测量,真空表上的读数称为真空度,用 $p_{真}$ 表示。

绝对压强、表压强、真空度之间的关系为:

$$p_{表} = p - p_0 \tag{1-11}$$

$$p_{真} = p_0 - p \tag{1-12}$$

式中:p_0 —— 当地的大气压。

由上述关系可以看出,真空度相当于负的表压值。记录压力表或真空表上的读数时,必须同时记录当地的大气压强,才能得到测点的绝对压强。

绝对压强、表压强和真空度之间的关系,也可以用图 1-1 表示。

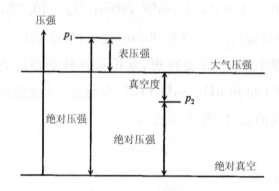

图 1-1 压强的基准和度量

压强随温度、湿度和当地海拔高度变化而变化。为了防止混淆,对表压强、真空度应加以标注。

(三)流量与流速

流量与流速是描述流体流动规律的参数。

1. 流量

单位时间内流过管道任一截面的流体量,称为流量。流量有两种表示方法:

(1)体积流量

单位时间内流过管道任一截面的流体体积,以 q_V 表示,单位为 m^3/s。

(2)质量流量

单位时间内流过管道任一截面的流体质量,以 q_m 表示,单位为 kg/s。

体积流量与质量流量的关系为:

$$q_m = pq_V \tag{1-13}$$

2. 流速

流体质点单位时间内在流动方向上所流过的距离称为流速,以 μ 表示,其单位为 m/s。流速有两种表示方法:平均流速和质量流速。由于流体具有黏性,流体流经管道的任一截面上各流体质点的速度沿管径而变化,在管中心处流速最大,在管壁面上流速为零。工程计算中为方便起见,μ 取整个管截面上的平均流速。

(1)平均流速

平均流速是单位时间内流体流过管道单位截面积的体积,即:

$$\mu = \frac{q_V}{A} \tag{1-14}$$

式中：μ ——流体在管内流动的平均流速，m/s；

A ——与流动方向相垂直的管道截面积，m^2。

（2）质量流速

质量流速（质量通量），是单位时间内流体流过管道单位截面积的质量，以 G 表示，其单位为 $kg/(m^2 \cdot s)$，其表达式为：

$$G = \frac{q_m}{A} \tag{1-15}$$

平均流速与质量流速的关系为：

$$G = pu \tag{1-16}$$

由于气体的体积随温度和压强的变化而变化，在管道截面积不变的情况下，气体的流速也随之发生变化，采用质量流速便于气体的计算。

3.流量方程式

描述流体流量、流速和流通截面相互关系的公式称为流量方程式，式(1-4)～式(1-16)统称为流量方程式。利用流量方程式可以计算流体在管路中的流量、流速或管路的直径。

4.管径的确定

对于圆形管道，以 d 表示其内径，则：

$$d = \sqrt{\frac{4qv}{\pi u}} \tag{1-17}$$

上式中 q_V 一般由生产任务规定，当流量为定值时，必须选定流速才能确定管径。由式(1-17)可知，流速越大，则管径越小。这样可节省设备费，但流体流动时遇到的阻力增大，会消耗更多的动力，增加操作费用；反之，流速小，则设备费高，而操作费少。所以在管路设计中，选择适宜的流速是十分重要的。适宜流速应由输送设备的操作费和管路的设备费进行经济权衡及优化来决定。

（四）流体的黏度

1.牛顿黏性定律

流体具有流动性，在外力的作用下其内部质点将产生相对运动。此外，流体在运动状态下还有一种抗拒内在向前运动的特性,称为黏性。流体的黏性越大,其流动性就越小。若考虑一种流体,让它介于面积皆为 A 的两块大的平板之间,这两块平板以很小的距离 d_y 分隔开,该系统原先处于静止状态,如图 1-2 所示。开始给上面一块平板施加外力,使上面一块平板以恒定速度 u 在 x 方向运动,那么紧贴于运动平板下方的一薄层流体也将以同一速度运动。

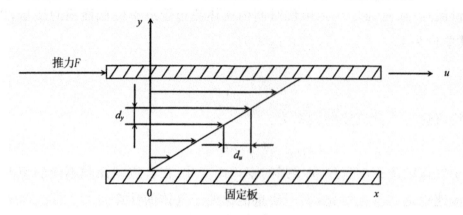

图 1-2　平板间流体速度变化

当 u 不太大时,板间流体将保持薄层流动。靠近运动平板的液体比远离平板的液体具有较大的速度,且离运动平板越远的薄层,速度越小,至固定平板处,速度降为零,速度变化是线性的。这种速度沿距离 d_y 的变化称为速度分布。

实验表明,运动着的流体内部相邻平行流体层间存在方向相反、大小相等的相互作用力,称为流体的内摩擦力,单位流层面积上的内摩擦力称为剪应力。内摩擦力总是起着阻止流体层间发生相对运动的作用,流体流动时为克服这种内摩擦力需消耗能量。

牛顿黏性定律表明了流体在流动中流体层间的内摩擦力(或剪应力)与法向速度梯度之间的关系,其表达式为:

$$\tau = \frac{F}{A} = \pm \mu \frac{d_u}{d_y} \tag{1-18}$$

式(1-18)说明,剪应力 τ 与法向速度梯度 $\frac{d_u}{d_y}$ 成正比,与压力无关。式中比例系数 μ 即为流体的黏度。流体的黏性越大,μ 便越大。

服从牛顿黏性定律的流体称为牛顿流体,如所有气体和大多数液体。牛顿黏性定律适用于层流。不服从牛顿黏性定律的流体,称为非牛顿流体,如油漆、油墨、胶体溶液及泥浆等。

2.黏度

衡量流体黏性大小的物理量称为黏度,用 μ 表示。

$$\mu = \tau\mu\frac{d_y}{d_u} \tag{1-19}$$

流体无论是静止还是流动,都具有黏性,黏度是流体的固有属性,是流体的重要物理性质之一,其数值一般由实验测定。黏度的大小与流体的种类、温度及压力有关。液体的黏度随温度的升高而减小,受压力的影响很小;气体的黏度随温度的升高而增大,但随压力的增加而增加得很小,一般在工程计算中不考虑压力的影响。

某些常用流体的黏度可以从有关手册和本书附录中查到。在 SI 制中,黏度的单位是 Pa·s,在工程计算中,黏度的单位还有 P 或 cP,其换算关系为:

$$1Pa·s = 10P = 1000cP$$

在流体流动的分析计算中,常出现 μ/ρ 的形式,用 γ 表示,称为运动黏度。在 SI 制中,运动黏度的单位是 m^2/s。

$$\gamma = \frac{\mu}{\rho} \tag{1-20}$$

(五)液体的表面张力

液体表面各部分之间存在相互作用的拉力,使液体表面总是趋于收缩,如空气中液滴的自由表面因收缩趋势使其成球形。液体表面的这种拉力称为液体的表面张力。

表面张力不仅存在于液体的自由表面,也存在于液体与气体、固体或另一种液体且与该液体不相混合的分界面上。气体由于分子间引力很小,扩散作用很强,不具有自由表面,因此,也就不存在表面张力。所以,表面张力是液体的特有性质。同时,它仅存在于液体的表面,在液体内部则不存在。

表面张力的方向总是与液体表面相切,且垂直于长度方向。表面张力的大小常用液体表面单位长度所受的张力,即表面张力系数来度量,用 σ 表示,单位为 N/m。σ 的数值与液体的种类有关,并随温度和表面接触情况的不同而有所变化。

一般地,液体的表面张力是很小的,在工程中没有什么实际意义,可忽略不计。但当液体表面呈曲面,且曲率半径很小时,就必须考虑它的影响。

四、实际流体和理想流体

自然界中存在的流体都具有黏性,具有黏性的流体统称为黏性流体或实际流体。完全没有黏性即 $\mu=0$ 的流体称为理想流体。自然界中并不存在真正的理想流体,它只是为便于处理某些流动问题所做的假设而已。

引入理想流体的概念在研究实际流体流动时具有很重要的作用。这是由于黏性的存在给流体流动的数学描述和处理带来很大困难,因此,对于黏度较小的流体(如水和空气等),在某些情况下,往往首先将其视为理想流体,待找出规律后,再根据需要考虑黏性的影响。但是,在有些场合,当黏性对流动起主导作用时,则实际流体不能按理想流体处理。

第二节　流体流动的内摩擦力

一、流体的流动状态

流体流动存在两种运动状态:层流和湍流。以管道中的水流为例,当流体流速较小时,处于管内不同径向位置的流体微团各自以确定的速率沿轴向分层运动,层间流体互不掺混,不存在径向流速,这种流动形态称为层流或滞流。稳态流动下,流量不随时间变化,管内各点的速率也不随时间变化。当流体流速增大到某个值之后,各层流体相互掺混,应用激光测速仪可以检测到,此时流体流经空间固定点的速率随时间不规则地变化,流体微团以较高的频率发生各个方向的脉动,这种流动形态称为湍流或紊流。脉动是湍流流动最基本的特征。

流体的流动状况不仅与流体的速率 u 有关,而且与流体的密度 ρ、黏度 μ 和流道的几何尺寸(如圆形管道的管径 d)有关。雷诺将这些因素组成一个量纲为1的数,用以判别流体的流动状态,称为雷诺数 Re,即:

$$Re=\frac{puL}{\mu} \tag{1-21}$$

式中:μ —— 特征速率,m/s;

　　 L ——特征尺度,对于圆管,常采用管内径 d,m。

雷诺数综合反映了流体的物理属性、流场的几何特征和流动速率对流体运动特征的影响。流动状态转变时的雷诺数称为临界雷诺数,小于临界雷诺数时,流动为层流。

对于不同的流场,特征速率及特征几何尺寸有不同的定义,雷诺数的临界值也不同。

对于圆管内的流动,当 $Re \leqslant 2000$ 使,流动总是层流,称为层流区;当 $Re \geqslant 4000$ 时,一般出现湍流,称为湍流区;当 $2000 < Re < 4000$ 时,有时出现层流,有时出现湍流,与外界条件有关,称为过渡区。过渡区的流体实际上处于不稳定状态,它是否出现湍流状态往往取决于外界条件的干扰。

二、流体流动的内摩擦力

容器中被搅动的水最终会停止运动。在空气中摆动的物体,如果不持续对其施加外力,则物体最终也会停止摆动。生活中类似的现象还有很多。

库仑曾做过这样的实验,即在圆板中心扎细金属丝,吊在流体中,将圆板旋转一个角度,使金属丝扭转,然后放开,此时圆板以中心为轴往返旋转摆动,随着时间的推移,摆动不断衰减,最终停止。

上述现象表现出:①实际流体具有黏性;②流动的流体内部存在相互作用力。流体内部相邻两流体层间的相互作用力,通常称为剪切力,也称为内摩擦力、黏性力。单位面积上所受到的剪切力称为剪应力。图 1-3 表示的是黏性流体的内摩擦实验。

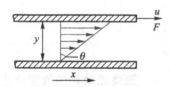

图 1-3　黏性流体的内摩擦实验

两块面积为 A、板间距为 y 的平行平板间充满流体,该体系的初始状态为静止状态。当时间 $t=0$ 时,上板以匀速 u 沿 x 方向运动。由于流体对于固体壁面的"黏附性",紧贴上板表面的流体与上板表面之间不发生相对位移,这一特征称为无滑移特征,因此,紧贴上板的流体层和板一起以相同的速率 u 运动。由于黏性的作用,该层流体将带动与之相邻的下层流体一起运动。但是,由于下板速率为零,因此,该层流体还受到其下层相邻流体的曳制作用。其结果是,板间各层流体作平行于平板的运动,但各层流体的速率沿垂直于板面的方向逐层减小,直至下板壁面处为零。随着时间的推移,最终建立了稳态速率分布。

内摩擦力的产生与流体层之间的分子动量传递有关。由于速度不同,相邻两层流体在 x 方向上的动量也不同。由于分子的热运动,速率较快的流体分子有一些进入速率较慢的流体层,这些快速运动的分子在 x 方向上具有较大的动量,当它们与速率较慢的流体层的分子相碰撞时,便把动量传递给速率较慢的流体层,推动该层流体流动。同时,速率较慢的流体层中也有等量的分子进入速率较快的流体层,将阻碍流体运动。于是,流体层之间分子的交换使动量从高速层向低速层传递,其结果产生了阻碍流体相对运动的剪切力,产生了"内摩擦",使流体呈现出对流动的抵抗,表现出流体的"黏性"。

可见,在各层流体之间存在着相互作用,这种作用一直到达固体的壁面,出现了壁面处的摩擦力,成为壁面抑制流体流动的力,也就是流体流动的阻力。

(一)牛顿黏性定律

实验证明,对于大多数流体,剪应力可以用牛顿黏性定律描述。

在图 1-4 中,欲维持上板的运动,必须有一个恒定的力 F 作用于其上。

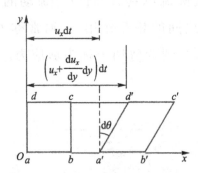

图 1-4 流体流动时的角变形速率

如果流体呈层流运动,则这个力可以用下式表示,即:

$$\frac{F}{A} = \mu \frac{u}{y} \tag{1-22}$$

由式(1-22)可知,作用于单位面积上的力正比于在距离 y 内流体速率的减少值。

对于一般情况,如果相邻两层流体的间距为 dy,速度在 x 方向上的分量大小分别为 u_x 和 "$u_x + du_x$",则式(1-22)可写成微分形式,即:

$$\tau = -\mu \frac{\mathrm{d}u_x}{\mathrm{d}y} \tag{1-23}$$

式中：τ ——　剪应力，N/m^2；

　　μ ——动力黏性系数，或称动力黏度，简称黏度，$Pa \cdot s$；

$\dfrac{\mathrm{d}u_x}{\mathrm{d}y}$ ——　直于流动方向的速度梯度，或称剪切变形速率，s^{-1}。

负号表示剪应力的方向与速度梯度的方向相反。

式(1-23)即为牛顿黏性定律的数学表达式。该定律指出，相邻流体层之间的剪应力 τ 与该处垂直于流动方向的速度梯度 $\dfrac{\mathrm{d}u_x}{\mathrm{d}y}$ 成正比。该定律适用于由分子运动引起的剪应力的计算，即流体呈层流运动的情况。

$\dfrac{\mathrm{d}u_x}{\mathrm{d}y}$ 反映出流体流动时的角变形速率。在流场中取一立方体微元 $abcd$，如图 1-4 所示。当 $t=0$ 时，微元体相邻两边的夹角为 $90°$。流速沿 y 方向变化，由于黏性作用，使平行于 x 方向的两相对平面发生相对运动，经过 $\mathrm{d}t$ 时间后，微元体变形为 $a'b'c'd'$，夹角改变了 $\mathrm{d}\theta$，下层流体移动的距离为 $u_x\mathrm{d}t$，上层流体移动的距离为 $\left(u_x + \dfrac{\mathrm{d}u_x}{\mathrm{d}y}\mathrm{d}y\right)\mathrm{d}t$，上层流体比下层流体多移动的距离为 $\dfrac{\mathrm{d}u_x}{\mathrm{d}y}\mathrm{d}y\mathrm{d}t$，则：

$$\frac{\dfrac{\mathrm{d}u_x}{\mathrm{d}y}\mathrm{d}y\mathrm{d}t}{\mathrm{d}y} = \tan\mathrm{d}\theta$$

由于 $\mathrm{d}\theta$ 很小，$\theta \approx \tan\mathrm{d}\theta$，所以角变形速率 $\dfrac{\mathrm{d}\theta}{\mathrm{d}t}$ 为：

$$\frac{\mathrm{d}\theta}{\mathrm{d}t} = \frac{\dfrac{\dfrac{\mathrm{d}u_x}{\mathrm{d}y}\mathrm{d}y\mathrm{d}t}{\mathrm{d}y}}{\mathrm{d}t} = \frac{\mathrm{d}u_x}{\mathrm{d}y}$$

因此，牛顿黏性定律又揭示了剪应力与角变形速率成正比的规律。

黏度 μ 除以流体的密度 ρ 所得的量为运动黏度，即：

$$v = \frac{\mu}{\rho} \tag{1-24}$$

式中：μ ——流体的运动黏度，也称为动量扩散系数，m^2/s；

ρ ——流体的密度，kg/m^3。

于是，牛顿黏性定律可以改写为以下形式：

$$\tau = -v\frac{d(\rho u_x)}{dy} \tag{1-25}$$

式中：ρu_x ——单位体积流体的动量，称为动量浓度，$[kg \cdot (m/s)]/m^3$；

$\dfrac{d(\rho u_x)}{dy}$ ——单位体积流体的动量在 y 方向上的梯度，称为动量浓度梯度，

$[kg \cdot (m/s)]/(m^3 \cdot m)$。

单位时间、通过单位面积传递的特征量称为该特征量的通量。因此，τ 又可以理解为 x 方向上的动量在 y 方向上的通量。式(1-25)的物理意义为：

x 方向上的动量在 y 方向上的通量=−(动量扩散系数)×(y 方向上的动量浓度梯度)

即将动量传递的推动力以动量浓度梯度的形式表示。

(二)动力黏性系数

式(1-23)给出了动力黏性系数的定义，即：

$$\mu = -\frac{\tau}{\dfrac{du_x}{dy}} \tag{1-26}$$

动力黏性系数表征单位法向速度梯度下，由于流体黏性所引起的剪应力的大小。

可见，黏度是影响剪应力的重要因素。黏度是流体的物理性质，与流体的种类和系统的温度、压力有关。内聚力(即分子间的相互吸引力)是影响黏度的主要因素，不同物质的黏度差别较大。在相同的温度下，所有液体的黏度均比组成与之相同的气体的黏度大。气体的黏度随压力的升高而增加，低密度气体和液体的黏度随压力的变化较小，一般可以忽略。温度对黏度的影响较大，对于液体，当温度升高时，分子间距离增大，吸引力减小，因而使速度梯度所产生的剪应力减小，即黏度减小；对于气体，由于气体分子间距离大，内聚力很小，所以黏度主要是由气体分子运动动量交换所引起的，温度升高，分子运动加快，动量交换频繁，所以黏度增加。

流体黏度的数值可由实验测定，常用的黏度计有毛细管式、落球式、转筒式、锥板式等。一些流体的黏度可以从物性数据手册中查到。水的黏度为 $10^{-4} \sim 10^{-3} Pa \cdot s$，空气的黏度约为 $10^{-5} Pa \cdot s$。

(三)流体类别

根据流体黏性的差别,可将流体分为两大类,即理想流体和实际流体。理想流体是无黏性和完全不可压缩的一种假想流体,即 $\mu=0$;实际流体是有黏性、可压缩的流体,即 $\mu\neq0$。实际流体又可以分为牛顿型流体和非牛顿型流体。凡是遵循牛顿黏性定律的流体称为牛顿型流体,所有气体和大多数低相对分子质量的液体均属于此类流体,如水、污水、汽油、煤油、甲苯、乙醇等。某些泥浆、聚合物溶液等高黏度的液体不遵循牛顿黏性定律,称为非牛顿型流体。非牛顿型流体又可分为假塑性流体、胀塑性流体和黏塑性流体。

流体的黏性定律可采用统一的经验方程表示,即:

$$\tau=\tau_0+\mu\left[\frac{\mathrm{d}u}{\mathrm{d}y}\right]^n \tag{1-27}$$

对于不同的流体,方程具有不同的 τ_0 和 n 值。常见类型流体剪应力与剪切变形速率之间的关系曲线见图 1-5。

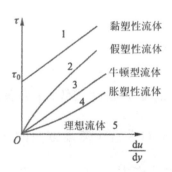

图 1-5　常见类型流体的剪应力与剪切变形速率之间的关系曲线

在环境工程中常见到的非牛顿型黏性流体有泥浆、中等含固量的悬浮液等,属于黏塑性流体,其主要特征是:只有当作用的剪应力超过临界值以后,流体才开始运动,否则将保持静止。这一临界值称为屈服应力。这类流体的流动规律常用宾汉模型描述,即流体发生运动后,剪应力与速度梯度呈线性关系,其数学表达式为:

$$\tau=\tau_0+\mu_0\frac{\mathrm{d}u_x}{\mathrm{d}y} \tag{1-28}$$

式中:τ_0—— 屈服应力,N/m^2;

　　μ_0——塑性黏度,$Pa \cdot s$。

τ_0 和 μ_0 在一定温度和压力下均为常数。

符合宾汉模型的流体又称为宾汉流体。根据宾汉流体的上述特点,降低含固量或改变颗粒表面的物理化学性质,可减小屈服应力,改善流动性,这些措施在工程中具有一定的实用价值。

(四)流动状态对剪应力的影响

流动状态对于流体内部剪应力的影响较大。层流流动的基本特征是流体分层流动,各层之间的相互影响和作用较小,剪应力产生的原因主要是分子热运动导致动量传递,其大小服从牛顿黏性定律,与流体的黏度和速度梯度成正比。

在湍流流动中存在流体质点的随机脉动,流动的剪应力除了由分子运动引起外,还由质点脉动引起。由于质点脉动对流体之间的相互影响远大于分子运动,因此,剪应力将大大增加。尽管质点脉动与分子运动之间有很大的区别,早期半经验湍流理论的创立者还是仿照牛顿黏性定律,建立了质点脉动引起的剪应力的表达式,即:

$$\tau_\varepsilon = -\varepsilon_\mu \frac{\mathrm{d}\bar{u}}{\mathrm{d}y} \tag{1-29}$$

式中:τ_ε —— 质点脉动引起的剪应力,N/m^2;

ε_μ —— 质点脉动引起的动力黏性系数,称为涡流黏度,$Pa \cdot s$;

$\frac{\mathrm{d}\bar{u}}{\mathrm{d}y}$ —— 以平均速率表示的垂直于流动方向的速度梯度,s^{-1}。

因此,湍流流动流体总的剪应力 τ_t 为:

$$\tau_t = -(\mu + \varepsilon_\mu) \frac{\mathrm{d}\bar{u}}{\mathrm{d}y} = -\mu_{\mathrm{eff}} \frac{\mathrm{d}\bar{u}}{\mathrm{d}y} \tag{1-30}$$

式中:μ_{eff} —— 有效动力黏度,$Pa \cdot s$。

在充分发展的湍流中,涡流黏度往往比流体的动力黏度大得多,因而,有 $\mu_{\mathrm{eff}} \approx \varepsilon_\mu$,故可用式(1-29)代替式(1-30)。

涡流黏度不是流体的物理性质,其大小受流体宏观运动的影响。由于影响因素较多,确定涡流黏度是非常困难的。因此,虽然从表象出发建立了湍流流动的剪应力公式,但没有根本解决湍流计算的问题。湍流流动的阻力至今仍不能完全依靠理论分析,主要还是要通过实验研究的方法解决。

第三节　边界层理论

一、边界层理论的概念

1904 年,普朗特提出了"边界层"概念,认为即使对于空气、水这样黏性很低的流体,黏性也不能忽略,但其影响仅限于固体壁面附近的薄层,即边界层,离开壁面较远的区域,则可视为理想流体。

普朗特边界层理论的要点可以概括为:①当实际流体沿固体壁面流动时,紧贴壁面处存在非常薄的一层区域,在此区域内,流体的流速很小,但流速沿壁面法向的变化非常迅速,即速度梯度很大。依牛顿黏性定律可知,在 Re 较大的情况下,即使对于 μ 很小的流体,其黏性力仍然可以达到很高的数值,因此,它所起的作用与惯性力同等重要。这一区域称为边界层或流动边界层,也称为速度边界层,在边界层内不能全部忽略黏性力。②边界层外的整个流动区域称为外部流动区域。在该区域内,壁面法向速度梯度很小,因此,黏性力很小,在大 Re 情况下,黏性力比惯性力小得多,因此,可将黏性力全部忽略,将流体的流动近似看成理想流体的流动。

根据边界层理论,在大 Re 的情况下,可将整个流场分为外部理想流体运动区域和边界层内的黏性流体运动区域两部分。外流区的流体可作为理想流体处理,服从理想流体运动规律,在边界层内则是黏性流体的流动。

二、边界层的形成过程

(一)绕平板流动的边界层

1.绕平板流动的边界层的形成

图 1-6 所示为平板上的边界层。流体沿 x 轴方向以均匀来流速率 u_0 向平板壁面流动,当其到达平板前缘时,紧靠壁面的流体因黏性作用而停留在壁面上,速率为零。这一层流体通过"内摩擦"作用,使相邻的流体层受阻而减速,该层流体进而影响相邻的流体层,使之减速。随着流体向前流动,在垂直于壁面的法线方向上,流体逐层受到影响而相继减速,流速由壁面处的零逐层变化,最终

达到来流速率 u_0。这样,在固体平板上方流动的流体可以分为两个区域,一是壁面附近速率变化较大的区域,即边界层,流动阻力主要集中在这一区域;二是远离壁面、速率变化较小的区域,即外部流动区域,流动阻力可以忽略不计。

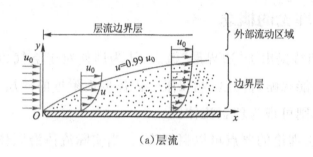

(a)层流

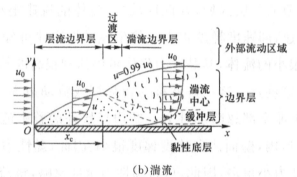

(b)湍流

图 1-6 平板上的边界层

边界层与外部流动区域之间有着密切的关系,它们之间没有明显的分界面。流体的速率由平板壁面为零急剧增加到外部流体速率,这一过程是一个连续变化的过程。通常将流体速率达到来流速率 99% 时的流体层厚度定义为边界层厚度,以 δ 表示。

边界层的厚度从平板前缘开始不断变化。在平板前缘处,$x=0$,$\delta=0$。随着流体向下游流动,即距平板前缘的距离 x 增大,沿壁面法向将有更多的流体被阻滞,致使边界层厚度逐渐增厚,形成如图 1-6 所示的边界层区域。

2.边界层内的流动状态

在平板的前缘处,边界层厚度较小,速度梯度大,抑制扰动的黏性力也大,流体的流动为层流,此区域称为层流边界层。随着流动边界层的发展,边界层内流体的流态可能是层流,也可能是湍流。图 1-6(a)所示的边界层内流体的流态始终为层流,称为层流边界层。当局部雷诺数超过某个数值时,边界层内的流动变得不稳定。在这种情况下,边界层内的扰动将增长,进而发生流态的转变。如图

1-6(b)所示,经过一个距离 x_c 后,由于边界层厚度的增加,促使层外流体加速,惯性增大,而受壁面制约的黏性力却在减小,致使扰动迅速发展,边界层内的流动由层流转变为湍流,此后区域的边界层称为湍流边界层。

在层流区发展到湍流区之间有一个过渡区,湍流时而在此处出现,时而在彼处出现,是不稳定的。

在湍流边界层内,紧靠壁面的一层较薄的流体层其流动仍为层流,称为层流底层或黏性底层;而远离壁面的流体为湍流流动,称为湍流中心;层流底层和湍流中心之间为缓冲层。

边界层流动中,由层流转变为湍流的判据仍是雷诺数。对于流体沿平板的流动,雷诺数中的特征长度是离平板前缘的距离,特征速率为来流速率。流动状态转变时的临界雷诺数为:

$$Re_{x_c} = \frac{p x_c u_0}{\mu} \tag{1-31}$$

式中: x_c—— 流动状态转变的点距离前缘的距离,称为临界距离,它与壁面粗糙度、平板前缘的形状、流体性质和流速有关,壁面越粗糙,前缘越钝, x_c 越短。

对于平板,临界雷诺数的范围为 $3\times10^5 \sim 2\times10^6$。当 x_c 较小时,临界雷诺数取范围内的小值。通常情况下,临界雷诺数取 5×10^5。

当雷诺数超过临界雷诺数时,层流向湍流的转变首先发生于近尾缘处,然后逐渐向上游移动,同时伴随着平板总摩擦力的增大。在湍流边界层中,壁面上的摩擦力与同样外流速率下的层流边界层相比要大得多,因为湍流边界层内流体质点的横向脉动使外层中快速运动的质点到达壁面附近,因而,动量交换比分子扩散时强烈得多。

3.边界层厚度

流体在平板上方流动时,其边界层厚度可以用下面的公式计算。对于层流边界层,有:

$$\delta = 4.641 \frac{x}{Re_x^{0.5}} \tag{1-32}$$

式中: Re_x—— 以距平板前缘距离 x 为特征长度的雷诺数,称为当地雷诺数。

对于湍流边界层,有:

$$\delta = 0.376 \frac{x}{Re_x^{0.2}} \qquad (1\text{-}33)$$

可见,边界层的厚度 δ 是 Re_x 的函数。对于确定的流道,如果流体的物性 (ρ, μ 等)为定值,则边界层厚度仅与流速有关,流速越大,边界层厚度越小。

通常,边界层的厚度 δ 约在 10^{-3} m 的量级,由此容易理解边界层内的黏性力很大。由于在很小的 δ 距离内,流速由壁面处的零增大至接近来流速率,即具有很大的速率梯度。因此,尽管边界层厚度很小,却具有很大的剪应力,集中了绝大部分的流动阻力。同样,在传热和传质过程中,流动边界层内特别是层流底层内,集中了绝大部分的传热和传质阻力。因此,边界层理论对于研究流动阻力、传热速率和传质速率有着非常重要的意义。

由此可知,减小边界层的厚度可以减小热量传递和质量传递过程中的阻力,因此工程实际中往往采取措施来降低边界层的厚度,从而强化传热和传质。如适当增大流体的运动速率,使其呈湍流状态;在流道内壁做矩形槽,或在列管式换热器的列管外放置翅片,以此破坏边界层的形成,减小传热和传质阻力。

(二)圆直管内流动的边界层

圆直管内边界层的形成和发展与平板上的边界层相似,但由于流动全部被固体边界所约束,因此,不同于沿平板的流动。

1. 圆直管内边界层的形成

图 1-7 为圆管进口附近的边界层。如图 1-7 所示,均匀来流从一端流入管道,管道入口处圆滑过渡,因此,管道入口处整个截面上的流体速率是分布均匀的。当流体进入管道后,由于黏性作用,在管壁面上的流体质点速率为零,近壁处很薄的一层流体内的速度梯度很大,即形成边界层。流体沿管道前进,沿程的边界层厚度不断增加。由于通过每个截面的流量是不变的,所以中心区域速率逐渐增大。此时流动由两部分组成,一部分是核心区,是未受流体黏性影响的速率均匀分布区;另一部分是核心区至管壁的环状边界层区域。经历一段长度后,不断加厚的环状边界层在管中心交汇。此后,管截面上的速率分布随流动距离的增加不再变化,这时的流动称为充分发展的流动,在此之前则称为进口段流动。

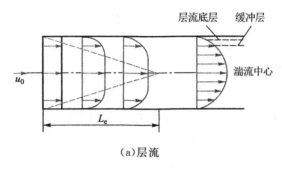

（a）层流

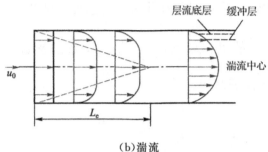

（b）湍流

图 1-7　圆管进口附近的边界层

管内边界层的形成和发展有两种情形。

当 u_0 较小时,进口段形成的边界层交汇时,边界层的流态是层流,则以后的充分发展段保持层流流动,速率分布曲线呈抛物线形,如图 1-7(a)所示。

当 u_0 较大,交汇时边界层的流动若已经发展为湍流,则其下游的流动也为湍流。如图 1-7(b)所示,速率分布不是抛物线形状,充分发展段的速率分布曲线要平坦得多。与平板上的湍流边界层类似,在管内的湍流边界层和充分发展的湍流流动中,径向上也存在着三层流体,即靠近壁面的薄层流体为层流底层,其外为缓冲层,再外是湍流中心。

2.边界层厚度

平板上边界层的厚度随距离 x 而变化。对于圆管,若边界层已经汇合于管中心,则边界层的厚度等于管的半径,并且不再改变。

湍流时圆管内层流底层的厚度 δ_b 可用经验公式估算。当平均速率 u_m 与最大速率 u_{max} 的关系满足 $u_m = 0.82 u_{max}$ 时,可采用下式计算:

$$\delta_b = 61.5 \frac{d}{Re^{0.875}} \tag{1-34}$$

由于管内流动充分发展后,流动形态不再随流动距离 x 变化,故对于充分发展的管内流动,判别流动形态的雷诺数定义为:

$$Re = \frac{\rho d u_0}{\mu}$$

式中：d ——管内径，m；

u_0 ——主体流速或平均流速，m/s。

如前所述，当 $Re \leqslant 2000$ 时，管内流动为层流状态。

3.进口段长度

从管道进口至边界层增长到整个断面的截面之间的距离称为进口段长度，用 l_e 来表示。量纲为 1 的进口段长度 $\dfrac{l_e}{d}$ 是雷诺数的函数。

对于层流，由理论分析可得

$$\frac{l_e}{d} = 0.0575 Re \tag{1-35}$$

对于湍流流动，目前尚无适当的计算公式，一些实验研究表明，管内湍流边界层的进口段长度大致为 50 倍管内径。

在进口段，流体流动特性不同于充分发展的管流。研究表明，进口段附近的阻力损失最大，其后沿流动方向平缓减少，并趋于流动充分发展后的不变值。因此，工程实践中，对于短管而言，求解进口段的流动阻力是非常重要的。同时，进口段对于传热和传质的影响也较大，在传热和传质设备中也往往需要加以区分，有时甚至可以在工程中利用进口段层流底层较薄的特征，采用短管来强化传递过程。

三、边界层分离

当黏性流体流过曲面物体时，在物体壁面附近也会形成边界层。但在某些情况下，如物体表面曲率较大时，则往往会出现边界层与固体壁面相脱离的现象。此时，壁面附近的流体将发生倒流并产生漩涡，导致流体能量大量损失，这种现象称为边界层分离。边界层分离是流体流动时产生能量损失的又一重要原因。

对于沿平板的流动，边界层以外流速分布均匀，沿流动方向无速率变化，压力保持不变；而边界层内，压力在垂直于流动方向上的变化可以忽略不计，因此流体沿平板流动时，边界层内压力保持不变。

但当流体流过曲面物体时,边界层外流体的速率和压力均沿流动方向发生变化,边界层内的流动会受到很大影响。例如,黏性流体以大 Re 绕过曲面 $ABCDE$,C 点为曲面的顶点,所形成的边界层及其内部的压力变化,如图 1-8 所示。

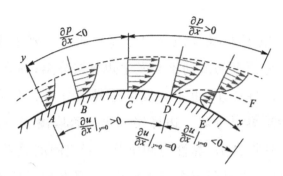

图 1-8　沿曲面流动的边界层

由于流体的黏性作用,沿曲面的法线方向上将形成边界层,且沿流动方向逐渐加厚。在流体由 A 点接近 C 点的过程中,由于曲面对外流的压缩,外流区过流断面逐渐缩小,使流体加速、减压,即 $\dfrac{\mathrm{d}u}{\mathrm{d}x}>0$,$\dfrac{\mathrm{d}p}{\mathrm{d}x}<0$,故边界层内的流体也处于加速减压状态,该区域称为顺压区。在顺压区内,流体的惯性力与压差共同克服流体的黏性力,使流体能顺利地沿曲壁向前流动。到达 C 点时,外流区的流体速率变为最大,而压力减为最小。

过 C 点后,过流断面逐渐增大,流体主体和边界层中流体处于减速增压过程,即 $\dfrac{\mathrm{d}u}{\mathrm{d}x}<0$,$\dfrac{\mathrm{d}p}{\mathrm{d}x}>0$,该区域为逆压区,流体的惯性力不仅要克服黏性力,还要克服由逆压梯度所产生的逆压强。在黏性力和逆压梯度的双重作用下,边界层内流体质点的流速逐渐减小,同时,在同一个 x 截面上,靠近壁面的流体质点流速最小。因此,首先是靠近壁面的流体质点在某个位置上,即 D 点,其动能消耗殆尽而停滞下来,该点流体的法向速度梯度为零,但压力较上游大。由于流体是不可压缩的,后续的流体质点因 D 点处的压力较大而不能靠近壁面,被迫脱离壁面和原来的流向,向外扩散并向下游流去,即发生边界层分离。流体质点开始离开壁面的 D 点,称为分离点。与临近壁面的流体相比,离壁面稍远的流体质点具有较大的动能,故可以通过较长的途径降至速率为零,如图 1-8 中所示的 F 点,则 D 和 F 连线与边界层上缘之间就形成脱离了物体壁面的边界层。

在 D 点下游,壁面与 D 和 F 连线之间出现流体的空白区,在逆压梯度的作用下,流体发生倒流,在此区域内流体形成大尺度的不规则漩涡,不断地向下游延伸而形成尾流,一般尾流会在物体下游延伸一段距离。在漩涡中,流体质点强烈地碰撞与混合,造成流体机械能消耗并转化为热能。因此,边界层分离导致流体能量损失。

存在黏性作用和逆压梯度是边界层分离的两个必要条件,因为没有逆压梯度,所以流体沿平板壁面上的流动不会发生边界层分离;理想流体绕过圆柱体的流动,由于流体没有黏性作用,也不会发生边界层分离。但是,当两种条件都存在时,却不一定发生边界层分离。边界层分离与否取决于流动的特征以及物体表面的曲率等,由流体惯性力、黏性力和压差三者之间的关系来决定。

层流边界层和湍流边界层都会发生分离,但是在相同的逆压梯度下,层流边界层比湍流边界层更容易发生分离,这是由于层流边界层中近壁处速率随 y 的增长级慢,逆压梯度更容易阻滞靠近壁面的低速流体质点。因此,流动的 Re 值影响分离点的位置,湍流边界层中的分离点较层流边界层的分离点延后产生。

边界层分离后,分离点下游流体形成尾流,流动的有效边界不再是物体表面,而变为包括分离区在内的未知形状。尾流区越大,由此产生的阻力损失越大。湍流边界层中的分离点较层流边界层的分离点靠后,边界层的尾流较小,故边界层分离而导致的阻力损失也较小。

第四节 输送管路

一、管路基础

(一)流体输送管路的分类

化工生产过程中的管路通常以是否分出支管来分类,见表 1-1 和图 1-9。

表 1-1 管路分类

类型		结果
简单管路	单一管路	指直径不变,无分支的管路,见图 1-9(a)
	串联管路	虽无分支但管径多变的管路,见图 1-9(b)

续表

类型		结果
复杂管路	分支管路	流体由总管流到几个分支,各分支出口不同,见图1-9(c)
	并联管路	并联管路中,分支管路最终又汇合到总管,见图1-9(d)

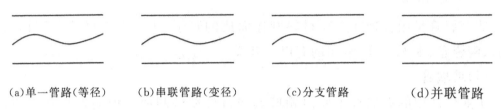

(a)单一管路(等径)　　(b)串联管路(变径)　　(c)分支管路　　(d)并联管路

图 1-9　管路分类

对于重要管路系统,如全厂或大型车间的动力管线(包括蒸气、煤气、上水及其他循环管道等),一般均以并联管路辐射,以有利于提高能量的综合利用,减少因局部故障所造成的影响。

(二)管子的分类与用途

管路主要由管子、管件和阀门所构成,也包括一些附属于管路的管架、管卡、管撑等附件,管子按材质分为金属管、非金属管和复合管三大类。

1.金属管

金属管主要有铸铁管、钢管(含合金钢管)和有色金属管等。

(1)铸铁管

铸铁管主要有普通铸铁管和硅铸铁管,其特点是价格低廉,耐腐蚀性比钢管强,但性脆、强度差,管壁厚而笨重,不可在压力下输送易爆炸气体和高温蒸气。常用作埋在地下的低压给水总管、煤气管和污水管等。

(2)钢管

钢管主要包括有缝钢管和无缝钢管。有缝钢管是用低碳钢焊接而成的钢管,又称为焊接管,分为水、煤气管和钢板电焊钢管。水、煤气管的主要特点是易于加工制造、价格低廉,但因为有焊缝而不适宜在 0.8MPa(表压)以上压力条件下使用。因此,只作为无缝钢管的补充。目前主要用于输送水、蒸气、煤气、腐蚀性低的液体、压缩空气及真空管路等。无缝钢管按制造方法分为热轧和冷拔(冷轧)两种,没有接缝。其质量均匀、强度高、管壁薄,能在各种压力和温度下输送液体,广泛应用于输送高压、有毒、易燃、易爆和强腐蚀性流体,并用于制作换热器、蒸发器、裂解炉等化工设备。

（3）有色金属管

有色金属管是用有色金属制造的管子的总称，包括紫铜管、黄铜管、铝管和铅管，适用于特殊的操作条件。

2.非金属管

非金属管是用各种非金属材料制作而成的管子，主要有玻璃管、塑料管、橡胶管、陶瓷管、水泥管等，常用的有以下几类。

（1）玻璃管

工业生产中的玻璃管主要由硼玻璃和石英玻璃制成。玻璃管具有透明、耐腐蚀、易清洗、管路阻力小和价格低廉的优点。缺点是性脆、不耐冲击与振动、热稳定性差、不耐高压。常用于某些特殊介质的输送。

（2）塑料管

塑料管是以树脂为原料加工制成的管子，包括聚乙烯管、聚氯乙烯管、酚醛塑料管、ABS塑料管和聚四氟乙烯管等。塑料管具有很多优良性能，其特点是耐腐蚀性能较好、质轻、加工成型方便，能任意弯曲和加工成各种形状。但性脆、易裂、强度差、耐热性也差。塑料管的用途越来越广泛，很多原来用金属管的场合逐渐被塑料管所代替，如下水管等。

（3）橡胶管

橡胶管为软管，可以任意弯曲，质轻，耐温性、抗冲击性能较好，多用来作为临时性管路。

（4）陶瓷管

陶瓷管耐酸碱腐蚀，具有优越的耐腐蚀性能，成本低廉，可节省大量的钢材。但陶瓷管性脆、强度低、不耐压，不宜输送剧毒及易燃、易爆的介质，多用于排除腐蚀性污水。

（5）水泥管

水泥管价廉、笨重，多用做下水道的排污水管，一般用于无压流体输送。水泥管主要有无筋水泥管和有筋水泥管。无筋水泥管的内径范围在 100～900mm；有筋水泥管的内径范围在 100～1500mm。水泥管的规格均以"Φ 内径×壁厚"表示。

3.复合管

复合管是金属与非金属两种材料复合得到的管子，目的是满足节约成本、强度和防腐的需要,通常作用在一些管子的内层,衬以适当材料,如金属、橡胶、塑料、搪瓷等。

随着化学工业的发展,各种新型耐腐蚀材料不断出现,如有机聚合物材料管、非金属材料管正在替代金属管。

特别提示:管子的规格通常用"Φ 外径×壁厚"表示。Φ38×2.5 表示此管子的外径是 38mm,壁厚是 2.5mm。但也有些管子用内径来表示其规格,使用时要注意。管子的长度主要有 3m、4m 和 6m,有些可达 9m、12m,但以 6m 最为普遍。

二、管路的布置与安装原则

(一)管路的布置原则

工业上的管路布置既要考虑到工艺要求,又要考虑到经济要求、操作方便与安全,在可能的情况下还要尽可能美观。因此,管路布置与安装时应遵守以下原则。

1.尽量减少管长、管件

在工艺条件允许的前提下,应使管路尽可能短,管件和阀门应尽可能少,以减少投资,使流体流动阻力减到最小。

2.合理安排管路,遵守管路排列规则

安排管路时,应使管路与墙壁、柱子或其他管路之间留有适当的距离,以便于安装、操作、巡查与检修。管路排列时,通常是热管在上,冷管在下;无腐蚀的管在上,有腐蚀的管在下;输送气体的管在上,输送液体的管在下;不经常检修的管在上,经常检修的管在下;高压管在上,低压管在下;保温管在上,不保温管在下;金属管在上,非金属管在下;在水平方向上,通常使常温管路、大管路、振动大的管路及不经常检修的管路靠近墙或柱子。

3.采用标准件

化工管路的标准化是指制定化工管路主要构件[包括管子、管件、阀件(门)、法兰、垫片等的结构、尺寸、连接、压力等]的标准并实施的过程。其中,压力标准与直径标准是制定其他标准的依据,也是选择管子、管件、阀件(门)、法兰、垫片等附件的依据,已由国家标准详细规定,使用时可以参阅有关资料。管子、管件

与阀门应尽量采用标准件,以便于安装与维修。

(二)管路的安装原则

1.管路的连接

管路的连接通常是管子与管子、管子与管件、管子与阀件、管子与设备之间的连接,其连接形式主要有四种,即螺纹连接、法兰连接、承插式连接及焊接连接。

(1)螺纹连接

螺纹连接是一种可拆卸连接,是在管道端部加工外螺纹,利用螺纹与管箍、管件和活管接头配合固定,把管子与管路附件连接在一起。螺纹连接的密封则主要依靠锥管螺纹的咬合和在螺纹之间加敷的密封材料来实现。常用的密封材料是白漆加麻丝或四氟膜,将其缠绕在螺纹表面,然后将螺纹配合拧紧。密封的材料还可以用其他填料或涂料代替。

(2)法兰连接

法兰连接是最常用的连接方法,适用于管径、温度及压力范围大、密封性能要求高的管子连接,广泛用于各种金属管、塑料管的连接,还适用于管子与阀件、设备之间的连接。法兰连接的主要特点是实现了标准化,装拆方便,密封可靠,但费用较高。管路连接时,为了保证接头处的密封,需在两个法兰盘间加垫片密封,并用螺丝将其拧紧。法兰连接密封的好坏与选用的垫片材料有关,应根据介质的性质与工作条件选用适宜的垫片材料,以保证不发生泄漏。

(3)承插式连接

承插式连接是将管子的一端插入另一管子的插套内,并在形成的空隙中装填麻丝或石棉绳,然后塞入胶合剂,以达到密封的目的。承插式连接主要用于水泥管、陶瓷管和铸铁管的连接,其特点是安装方便,对各管段中心重合度的要求不高,但拆卸困难,不能耐高压,多用于地下给排水管路的连接。

(4)焊接连接

焊接连接是一种不可拆卸连接,是用焊接的方法将管道和各管件、阀门直接连成一体。这种连接密封非常可靠,结构简单,便于安装,但给清理、检修工作带来不便,广泛适用于钢管、有色金属管和聚氯乙烯管的连接。焊接主要用在长管路和高压管路中,但当管路需要经常拆卸时,或在易燃易爆的车间,则不宜采用焊接法连接管路。

2.管路的安装及安装高度

管路的安装应保证横平竖直,其偏差每 10m 不大于 15mm,但其全长不能大于 50mm。

垂直管偏差每 10m 不能大于 10mm。管路通过人行道时高度不得低于 2m,通过公路时不得小于 4.5m,与铁轨的净距离不得小于 6m,通过工厂主要交通干线的高度一般为 8m。

一般情况下,管路采用明线安装,但上下水管及污水管采用埋地铺设,埋地安装深度应当在当地冰冻线以下。

3.管路的热补偿

工业生产中的管路两端通常是固定的,当温度发生较大变化时,管路就会因管材的热胀冷缩而承受压力或拉力,严重时将造成管子弯曲、断裂或接头松脱。因此,对于温度变化较大的管路需采取热补偿措施。

热补偿的主要方法有两种:一是依靠弯管的自然补偿;二是利用补偿器进行补偿。常用的热补偿器有"π"形、"Ω"形、波形和填料函式等。

4.管路的水压试验

管路在投入运行之前,必须保证其强度和严密性符合要求。因此,管路安装完毕后,应做强度与严密度试验,验证是否有漏气或漏液的现象。管路的操作压力不同、输送的物料不同,试验的要求也不同。通常,要对管路系统进行水压试验,试验压力(表压)为 294kPa,在试验压力下维持 5min 未发现漏液现象,则水压试验为合格。

5.管路的保温与涂色

为了维持生产需要的高温或低温条件,节约能源,保证劳动条件,必须减少管路与环境的热量交换,即管路的保温。保温的方法是在管道外包上一层或多层保温材料。工厂中的管路很多,为了方便操作者区分各种类型的管路,常在管外(保护层外或保温层外)涂上不同的颜色,称为管路的涂色。

6. 管路的防静电措施

静电是一种常见的带电现象,流体输送过程中产生的静电若不及时消除,就容易因产生电火花而引起火灾或爆炸。管路的抗静电措施主要是静电接地和控制流体的流速。

第五节　流体阻力

一、流体阻力的来源

当流体在圆管内流动时,管内任一截面上各点的速度并不相同,管中心处的速度最大,越靠近管壁速度越小,在管壁处流体质点附着于管壁上,其速度为零。可以想象,流体在圆管内流动时,实际上被分割成无数极薄的圆筒层,一层套着一层,各层以不同的速度向前运动,层与层之间具有内摩擦力。

如图 1-10 所示,这种内摩擦力总是起着阻止流体层间发生相对运动的作用。因此,内摩擦力是流体流动时产生阻力的根本原因。

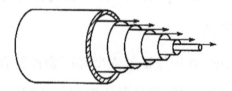

图 1-10　流体在圆管内分层流动

黏度作为表征流体黏性大小的物理量,其值越大,说明在同样流动条件下的流体阻力就越大。于是,不同流体在同一条管路中流动时,流动阻力的大小是不同的。而同一种流体在同一条管路中流动时因流速不相等,流动阻力的大小也不同。因此,决定流动阻力大小的因素除了流体黏度和流动的边界条件外,还取决于流体的流动状况,即流体的流动类型。

二、管内流体阻力的计算

流体在管路中流动时的阻力可分为直管阻力和局部阻力两部分。直管阻力是指流体流经一定管径的直管时,由于流体和管壁之间的摩擦而产生的阻力;局部阻力是指流体流经管路中的管件、阀门及截面扩大或缩小等局部位置时,由于速度的大小或方向改变而产生的阻力。伯努利方程式中的 $\sum W_f$ 是指所研究的管路系统的总能量损失(也称总阻力损失),是管路系统中的直管阻力损失和局部阻力损失之和。

(一)直管阻力

1. 圆形直管阻力计算通式

推导圆形直管阻力计算通式的基础是流体做稳定流动时受力的平衡。流体以一定速度在圆管内流动时,受到方向相反的两个力的作用:一个是推动力,其方向与流动方向一致;另一个是摩擦阻力,其方向与流动方向相反。当这两个力达到平衡时,流体做稳定流动。不可压缩流体以速度 u 在一段水平直管内做稳定流动时所产生的阻力可用下式计算:

能量损失
$$W_f = \lambda \frac{lu^2}{d^2} \tag{1-36}$$

压头损失
$$h_f = \frac{W_f}{g} = \lambda \frac{lu^2}{d^2 g} \tag{1-37}$$

压力损失
$$\Delta p_f = \rho W_f = \lambda \frac{l\rho u^2}{d^2} \tag{1-38}$$

式中:W_f ——流体在圆形直管中流动时的损失能量,J/kg;

λ ——摩擦系数,量纲一;

h_f ——流体在圆形直管中流动时的压头损失,m;

g ——重力加速度,m/s²;

l ——管长,m;

d ——管内径,m;

u ——流体的流速,m/s;

Δp_f——流体在圆形直管中流动时的压力损失,Pa;

ρ ——流体的密度,kg/m³。

式(1-36)、式(1-37)与式(1-38)是计算圆形直管阻力所引起能量损失的通式,称为范宁公式。此式对湍流和层流均适用,式中 λ 为摩擦系数,无因次,其值随流型而变,湍流时还受管壁粗糙度的影响,但不受管路铺设情况(水平、垂直、倾斜)的影响。

2. 摩擦系数 λ

按材料性质和加工情况,将管道分为两类:一类是水力光滑管,如玻璃管、黄铜管、塑料管等;另一类是粗糙管,如钢管、铸铁管、水泥管等。其粗糙度可用绝对粗糙度 ε 和相对粗糙度 ε/d 表示。

(1)层流时的摩擦系数 λ

流体做层流流动时,摩擦系数 λ 只与雷诺数 Re 有关,而与管壁的粗糙程度无关。通过理论推导,可以得出 λ 与 Re 的关系为:

$$\lambda = \frac{64}{Re} \tag{1-39}$$

流体在直管内层流流动时能量损失的计算式为:

$$W_f = \frac{32\mu l u}{p d^2} \tag{1-40}$$

或

$$\Delta p_f = \frac{32\mu l u}{d^2} \tag{1-41}$$

式(1-44)称为哈根-泊谡叶方程,此式表明层流时阻力与速度的一次方成正比。

(2)湍流时的摩擦系数 λ

当流体呈湍流流动时,摩擦系数 λ 与雷诺数 Re 及管壁粗糙程度都有关,即 $\lambda = f\left[Re, \dfrac{\varepsilon}{d}\right]$。

由于湍流时质点运动的复杂性,现在还不能从理论上推算 λ 值,在工程计算中为了避免误差,一般将通过实验测出的 λ 与 Re 和 $\dfrac{\varepsilon}{d}$ 的关系,以 $\dfrac{\varepsilon}{d}$ 为参变量,以 λ 为纵坐标,以 Re 为横坐标,标绘在双对数坐标纸上,称为莫狄摩擦系数图。

摩擦系数图可以分为以下 4 个区,见图 1-11。

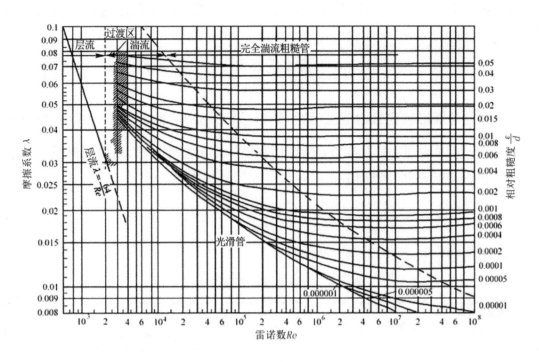

图 1-11　莫狄摩擦系数

①层流区：$Re \leqslant 2000$，λ 与 $\dfrac{\varepsilon}{d}$ 无关，与 Re 呈直线关系，即 $\lambda = \dfrac{64}{Re}$。②过渡区：$Re = 2000 \sim 4000$，在此区内，流体的流型可能是层流，也可能是湍流，视外界的条件而定，在管路计算时，工程上为安全起见，常作湍流处理。③湍流区：$Re \geqslant 4000$，这个区域内，管内流型为湍流，因此，由图中曲线分析可知，当 $\dfrac{\varepsilon}{d}$ 一定时，Re 增大，λ 减小；当 Re 一定时，$\dfrac{\varepsilon}{d}$ 增大，λ 增大。④完全湍流区：图中虚线以上的区域。此区域内 λ-Re 曲线近似为水平线，即 λ 与 Re 无关，只与 $\dfrac{\varepsilon}{d}$ 有关，我们把它称为完全湍流区。对于一定的管道，$\dfrac{\varepsilon}{d}$ 为定值，λ 为常数，阻力损失与 u^2 成正比，所以完全湍流区又称阻力平方区。$\dfrac{\varepsilon}{d}$ 越大，达到阻力平方区的 Re 越小。

3. 非圆形管内的流动阻力

一般来说，截面形状对速度分布及流动阻力的大小都会有影响。实验表明，对于非圆形截面的通道，可以用一个与圆形管直径 d 相当的"直径"来代替，称为

当量直径,用 d_e 表示。当量直径定义为流体在管道里的 4 倍流通截面与润湿周边 Π 之比,即:

$$d_e = 4 \times \frac{流通截面积}{润湿周边} = 4 \times \frac{A}{\Pi} \tag{1-42}$$

流体在非圆形管内做湍流流动时,计算 $\sum h_f$ 及 Re 的有关表达式中,均可用 d_e 代替 d。但需注意:①不能用 d_e 来计算流体通道的截面积、流速和流量。②层流时,λ 的计算式(1-39)须用下式修正:

$$\lambda = \frac{C}{Re} \tag{1-43}$$

C 随流通形状而变,如表 1-2 所示。

表 1-2　某些非圆形管的常数 C

非圆形管的截面形状	正方形	等边三角形	环形	长方形 长:宽=2:1	长方形 长:宽=4:1
常数 C	57	53	96	62	73

在化工中经常遇到的套管换热器环隙间及矩形截面的当量直径按定义可分别推导出:

(1)套管换热器环隙当量直径

$$d_e = d_1 - d_2 \tag{1-44}$$

式中:d_1——套管换热器外管内径,m;

d_2——套管换热器内管外径,m。

(2)矩形截面的当量直径

$$d_e = \frac{2ab}{a+b} \tag{1-45}$$

式中:a、b——矩形的两个边长,m。

(二)局部阻力损失

当流体的流速大小或方向发生变化时,均产生局部阻力。局部阻力造成的能量损失有两种计算方法。

1. 阻力系数法

将局部阻力表示为动能的某一倍数:

$$W'_f = \zeta \frac{u^2}{2} \tag{1-46}$$

或

$$h'_f = \zeta \frac{u^2}{2g} \tag{1-47}$$

式中：W'_f —— 局部阻力，J/kg；

　　　ζ —— 局部阻力系数，量纲一。

局部阻力系数一般由实验测定，某些管件和阀门的局部阻力系数列于表 1-3 中。管路因直径改变而突然扩大或突然缩小时的流动情况如图 1-12 所示，计算其局部阻力时，u 均取细管中的流速。

表 1-3　某些管件和阀门的阻力系数

名称		局部阻力系数 ζ	名称		局部阻力系数 ζ
标准弯头	45°	0.35	止回阀	升降式	1.2
	90°	0.75		摇板式	2
180°回弯头		1.5	闸阀	全开	0.17
三通		1		3/4 开	0.9
管接头		0.4		1/2 开	4.5
活接头		0.4		1/4 开	24
截止阀		6.4	盘式流量计（水表）		7.0
		9.5	角阀（90°）		5
		1.5	单向阀（摇摆式）		2

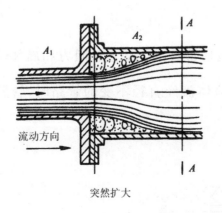

突然扩大

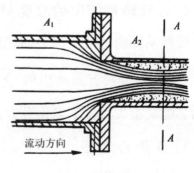

突然缩小

图 1-12　突然扩大和突然缩小

突然扩大的阻力系数： $\zeta = \left(1 - \dfrac{A_1}{A_2}\right)^2$ （1-48）

突然缩小的阻力系数： $\zeta = \dfrac{1}{2}\left(1 - \dfrac{A_1}{A_2}\right)^2$ （1-49）

对于流体自容器进入管内的损失称为进口损失，进口阻力系数 $\zeta_{进口} = 0.5$；对于流体自管内进入容器或从管子排放到管外空间的损失称为出口损失，出口阻力系数 $\zeta_{出口} = 1$。

2. 当量长度法

该法是把流体流过管件、阀门时所产生的局部阻力折算成相当于流体流过相应直管长度的直管阻力，折合后的管道长度称为当量长度，以 l_e 表示，用当量长度法表示的局部阻力为：

$$W'_f = \lambda \frac{\sum l_e u^2}{d^2}$$ （1-50）

$$\Delta p'_f = \lambda \frac{\sum l_e \rho u^2}{d^2}$$ （1-51）

式中， l_e 为局部阻力的当量长度。

各种管件、阀门的当量长度与管径之比 l_e/d 可通过有关手册中管件、阀门的当量长度共线图得到。共线图的查取方法为：由左边管件或阀门对应的点与右侧管内径相应点的连线交中间标尺的点读取 l_e 值。

(三)管路系统中的总能量损失

管路系统的总能量损失（总阻力损失）包括管路上全部直管阻力和局部阻力之和，即为伯努利方程式中的 $\sum W_f$。当流体流经直径不变的管路时，管路系统的总能量损失可按下面两种方法计算。

1. 当量长度法

$$\sum W'_f = \lambda \frac{l + \sum l_e u^2}{d^2}$$ （1-52）

2.阻力系数法

$$\sum W_{\mathrm{f}} = \left(\lambda \frac{1}{d} + \sum \zeta\right) \frac{u^2}{2} \tag{1-53}$$

式中：$\sum W_{\mathrm{f}}$ ——管路系统总能量损失，J/kg；

$\quad\quad \sum l_{\mathrm{e}}$ ——管路中管件、阀门的当量长度之和，m；

$\quad\quad \sum \zeta$ ——管路中局部阻力（如进口、出口）系数之和；

$\quad\quad l$ ——各段直管总长度，m。

(四)降低管路系统流动阻力的措施

流体流动时为克服流动阻力需消耗一部分能量，流动阻力越大，输送流体所消耗的动力也就越大。因此，流体流动阻力的大小直接关系到能耗和生产成本，为此应采取措施降低能量损失，即降低 $\sum W_{\mathrm{f}}$。

根据上述分析，可采取如下措施：①合理布局，尽量减少管长，少装不必要的管件、阀门；②适当加大管径并尽量选用光滑管；③在允许条件下，将气体压缩或液化后输送；④高黏度液体长距离输送时，可用加热方法或以强磁场处理，以降低黏度；⑤允许的话，在被输送液体中加入减阻剂；⑥管壁上进行预处理——低表面涂层或小尺度肋条结构。

但有时为了达成某种工程目的，需人为造成局部阻力或加大流体湍动（如液体搅拌，传热、传质过程的强化等）。

第六节　流体测量

一、测速管

测速管又称毕托管，其构造如图 1-13 所示。它由两根同心套管组成，内管前端管口敞开，开口正对着流体流动方向，两管环隙前端封闭，而在离端点一定距离处的壁面四周开若干个小孔，流体从小孔旁流过，内管与环隙分别与压差计的两端相连。

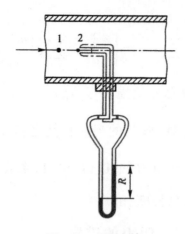

图 1-13 测速管

对于某水平管路,流体以流速 u 流至测速管前端。由于测速管内充满液体,在其 2 处前端测点形成驻点,流体的动能全部转变为静压能。这样,内管传递出的压力 p_2 为管道内流体的静压力 p 加上与该点速率相应的动能 $\left(\dfrac{\rho u^2}{2}\right)$,即:

$$p_2 = p + \frac{\rho u^2}{2}$$

或

$$p_2 - p = \frac{\rho u^2}{2} \tag{1-54}$$

式中: ρ ——流体的密度,kg/m^3 。

而当流体平行流过外管侧壁上的小孔时,其速度仍为测点 1 处的流速,故侧壁小孔外的流体通过小孔传递至套管环隙间的压力只是管道内流体的压力 p 。

因此,压差计的指示数 R 为内管传递出的压力 p_2 和管道内流体的压力 p 之差,由式(1-54)可知,该差值代表了测点 2 处的动能。

若压差计中液体的密度为 p_0 ,则:

$$p_2 - p = Rg(\rho_0 - \rho) \tag{1-55}$$

将式(1-55)代入式(1-54),整理得:

$$u = \sqrt{\frac{2gR(\rho_0 - \rho)}{\rho}} \tag{1-56}$$

测速管的测量准确度与制造精度有关。一般情况下,式(1-56)右端应乘以一个校正系数 C ,即:

$$u = C\sqrt{\frac{2gR(\rho_0 - \rho)}{\rho}} \tag{1-57}$$

通常情况下，$C = 0.98 - 1.00$。为了提高测量的准确度，C 值应在仪表标定时确定。

式(1-57)中的 u 是测点 2 处的速率。可见，用测速管测出的流速是管道截面上某一点的速率，即点速率。因此，利用测速管可以测定管道截面上的速率分布，然后根据速率分布规律按截面面积积分，可得流体的体积流量，并进一步计算管道的平均速率。

对于在内径为 d 的圆管内流动的流体，可以只测出管中心点的速率 u_{max}，然后根据 u_{max} 与平均速率 u_m 的关系将 u_m 求出。此关系随 Re 变化，当流态为层流时，平均速率为最大速率的一半；当流态为湍流时，平均速率与管中心最大速率的比值随雷诺数变化的关系如图 1-14 所示。图中 Re 和 Re_{max} 分别表示以平均速率和管中心最大速率计算的雷诺数。在流体输送中通常遇到的 Re 范围内，平均速率大约等于管中心最大速率的 0.82 倍。

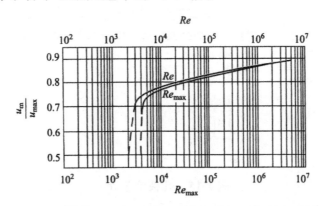

图 1-14　平均速率与管中心速率的比随 Re 变化的关系

为了减少测量误差，测速管前端通常做成半球形。测定时应注意使测速管的管口正对着管道中流体的流动方向。测速管应放置于流体均匀流段，测量点的上下游最好均有 50 倍直径长的直管段，应至少有 8～12 倍直径长的直管段。测速管安装在管路中，装置头部和垂直引出部分都会对流体流动产生影响，从而造成测量误差，因此，测速管的外径应不大于管道直径的 1/50。

测速管的优点是结构简单，使用方便，流体的能量损失小，因此，较多地用于测量气体的流速，特别适用于测量大直径管路中的气体流速。当流体中含有固体杂质时，易堵塞测压孔。测速管的压差读数一般较小，需要放大才能提高读数的精确程度。

二、孔板流量计

孔板流量计是在管道内与流动方向垂直的方向上插入一块中央开圆孔的板,孔的中心位于管道的中心线上,孔口经过精密加工,从前向后扩大,侧边与管轴线成 45°角,如图 1-15 所示。孔板流量计以通过孔板时产生的压力差作为测量依据。

对于某水平管道,流体由管道的截面 1—1′ 以 u_1 流过孔口,因流道缩小使流体的速率增大,压力降低。由于惯性的作用,流体通过孔口后的实际流道将继续缩小,直至截面 2—2′。该截面距离孔板的距离为管道直径的 1/3-2/3,称为"缩脉",此处流速最大。孔板前后动能的变化必然引起流体压力的变化。

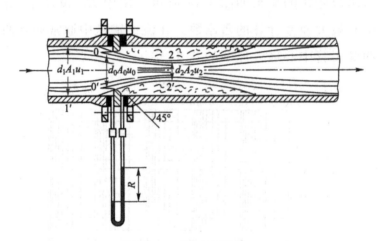

图 1-15　孔板流量计

若不考虑流体通过孔板的局部阻力损失,列出截面 1—1′ 和 2—2′ 之间的伯努利方程,有:

$$\frac{p_1}{\rho} + \frac{u_1^2}{2} = \frac{p_2}{\rho} + \frac{u_2^2}{2}$$

整理,得:

$$\sqrt{u_2^2 - u_1^2} = \sqrt{\frac{2(p_1 - p_2)}{\rho}} \tag{1-58}$$

令流体流经孔口的速率为 u_0,根据不可压缩流体的连续性方程,可知:

$$A_1 u_1 = A_0 u_0 = A_2 u_2 \tag{1-58}$$

式中：A_1、A_0、A_2——分别为管道、孔口和缩脉的截面面积。

将式(1-59)代入式(1-58)，得：

$$u_0 = \cfrac{1}{A_0\sqrt{\cfrac{1}{A_2^2}-\cfrac{1}{A_1^2}}}\sqrt{\cfrac{1}{A_0\sqrt{\cfrac{1}{A_2^2}-\cfrac{1}{A_1^2}}}}\sqrt{\cfrac{2(p_1-p_2)}{\rho}} \tag{1-60}$$

因为截面 $2—2'$ 的面积 A_2 通常难以确定，因此，将上式中的 A_2 用孔口截面积 A_0 代替，同时考虑流体在截面 $1—1'$、$2—2'$ 间的机械能损失，将式(1-60)右边乘以校正系数 C_1 得：

$$u_0 = \cfrac{C_1}{\sqrt{1-(A_0/A_1)^2}}\sqrt{\cfrac{2(p_1-p_2)}{\rho}} \tag{1-60}$$

孔板流量计除孔板外，还需要压差计。压差计的安装有角接法和径接法两种。角接法是将上、下游两个测压口接在孔板流量计前后的两块法兰上；径接法的上游测压口距孔板 1 倍直径距离，下游测压口距孔板 $1/2$ 倍直径距离。无论是角接法还是径接法，所测的压差都不可能正好反映 (p_1-p_2) 的真实值。因此，仍需对式(1-61)进行修正。

上、下游测压口的压力差用压差计的指示数表示为 $R_g(\rho_0-\rho)$，因此，式(1-61)变为：

$$u_0 = \cfrac{C_1 C_2}{\sqrt{1-\left(\cfrac{A_0}{A_1}\right)^2}}\sqrt{\cfrac{2(p_1-p_2)}{\rho}}$$

令

$$C_0 = \cfrac{C_1 C_2}{\sqrt{1-\left(\cfrac{A_0}{A_1}\right)^2}}$$

则管道中的流量为：

$$q_V = u_0 A_0 = C_0 A_0 \sqrt{\cfrac{2R_g(\rho_0-\rho)}{\rho}} \tag{1-62}$$

式中：C_0——流量系数，其值由实验确定。

C_0 与流体的 Re、测压口的位置及 A_0/A_1 有关。图 1-16 为角接法孔板流量计的流量系数曲线，图中 Re 的特征尺寸为管道内径；特征速度为流体在管道中的平均流速；$m = A_0/A_1$。

可见，对于给定的 m 值，当 Re 超过某个值后，C_0 趋于定值。孔板流量计所测定的流动范围一般应取在 C_0 为定值的区域。对于设计合适的孔板流量计，C_0 多为 $0.6 \sim 0.7$。

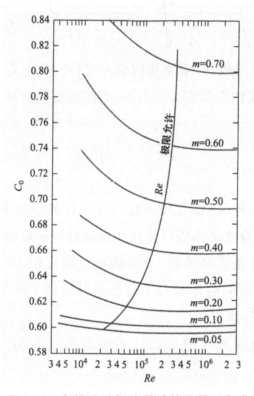

图 1-16　角接法孔板流量计的流量系数曲线

孔板流量计结构简单，安装方便，但流体通过孔板流量计时阻力损失较大。孔板流量计的阻力损失可以写成：

$$h_f = \xi \frac{u_0{}^2}{2} = \zeta C_0{}^2 \frac{R_g(\rho_0 - \rho)}{\rho} \tag{1-63}$$

可见，阻力损失与压差计读数成正比，即在相同的流速下，孔板的孔口越小，孔口速度越大，压差计读数越大，阻力损失也就越大。因此，应选择适宜的 A_0/A_1 值。

三、文丘里流量计

孔板流量计的主要缺点是阻力损失很大。为了克服这一缺点，可采用渐缩渐扩管代替孔板。当流体流过渐缩渐扩管时，可以避免出现边界层分离及漩涡，从而大大降低机械能损失。这种流量计称为文丘里流量计，如图 1-17 所示。

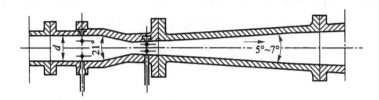

图 1-17 文丘里流量计

文丘里流量计的收缩段锥角通常取 $15°\sim25°$。因为机械能损失主要发生在突然扩大段,因此,扩大段锥角要小一些,使流速变化平缓,通常取 $5°\sim7°$。

利用文丘里流量计的测定管道流量仍可采用式(1-62),A_0 为喉管截面面积,流量系数采用文丘里流量计的流量系数 C_V,即

$$q_v = C_V A_0 \sqrt{\frac{2R_g(\rho_0\rho)}{\rho}} \tag{1-64}$$

C_V 一般为 $0.98\sim0.99$。

文丘里流量计的阻力损失小,尤其适用于低压气体输送中流量的测量。但加工复杂,造价高,且安装时流量计本身在管道中占据较长的位置。

四、转子流量计

转子流量计由一个微锥形的玻璃管和管内放置的转子组成,锥形玻璃管的截面自下而上逐渐扩大,其结构如图 1-18 所示。转子的直径略小于锥管底部直径,转子与管内壁之间,形成一个环隙通道。转子可由金属或其他材料制成,其密度大于所测流体的密度。

当流量计中没有流体通过时,转子位于流量计的底部,处于静止状态。当被测流体自下而上通过流量计时,由于环隙处的流体速度较大,导致静压力减小,故在转子的上、下截面间形成一个压差,使转子上浮。转子上浮后,环隙面积逐渐增大,使环隙中流体的流速减小,转子两端的压差也随之降低。当转子上升到一定高度时,转子两端的压差造成的升力等于转子所受的重力和浮力之差时,转子将稳定在这个高度上。当流体的流量改变时,平衡被打破,转子到达新的位置,建立新的平衡。可见,转子所处的平衡位置与流体流量的大小有直接的关系。这就是转子流量计的工作原理。

转子流量计的流量计算式可以由转子的受力平衡导出。图 1-19 为转子受力分析图。

假设在一定的流量下,转子处于平衡位置,截面 2—2′和截面 1—1′的净压力

分别为 p_2 和 p_1，转子的体积为 V_f，最大截面积为 A_f，密度为 ρ_f，流体密度为 ρ。若忽略转子旋转的剪应力，列出力的平衡方程式，即：

$$(p_1 - p_2)A_f = (\rho_f - \rho)V_f g$$

或

$$(p_1 - p_2)A_f = \frac{V_f}{A_f}(\rho_f - \rho)V_f g$$

可见，对于特定的转子流量计和待测流体，上式右侧各项均为定值，即压差 $(p_1 - p_2)$ 与流量大小无关。流量的大小仅取决于转子与玻璃管之间的环隙面积。因此，流体流经环隙流道的流量与压差的关系可以仿照流体通过孔板流量计小孔的情况表示，即：

$$q_V = C_R A_R \sqrt{\frac{2(p_1 - p_2)}{\rho}} = C_R A_R \sqrt{\frac{2g V_f(\rho_f - \rho)}{\rho A_f}} \tag{1-65}$$

式中：C_R——转子流量计的流量系数；

A_R——玻璃管与转子之间的环隙面积。

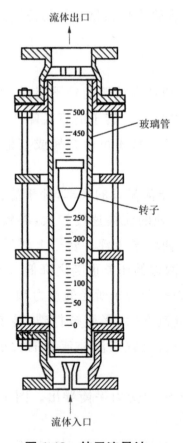

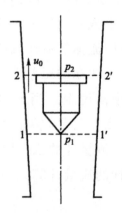

图 1-18　转子流量计　　　　图 1-19　转子受力分析图

转子流量计的流量系数 C_R 与 Re 及转子的形状有关。对于转子形状一定的流量计，C_R 与 Re 的关系需由实验确定。图 1-20 为三种不同形状转子构成的流量计的 C_R 与 Re 的关系。

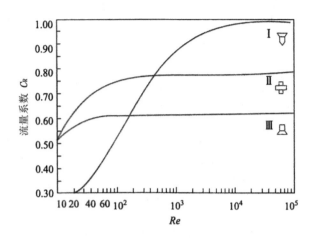

图 1-20　三种不同形状转子构成的流量计的 C_R 与 Re 的关系

转子流量计在出厂时根据 20℃ 的水或 20℃、0.1MPa 的空气进行实际标定，并将流量值刻在玻璃管上。使用时，流体的条件通常与标定的条件不符，此时需要进行换算。由于在同一刻度下，A_R 相等，由式（1-65）可得：

$$\frac{q_V}{q_{V0}} = \sqrt{\frac{\rho_0(\rho_t - \rho)}{\rho(\rho_f - \rho_0)}} \tag{1-66}$$

式中：下标"0"表示标定流体。

转子流量计的优点是能量损失小，测量范围宽。但耐温、耐压性差。

安装转子流量计时应注意，转子流量计必须垂直安装，倾斜 1°将造成 0.8% 的误差，且流体流动的方向必须由下而上。

第二章

非均相物系的分离

第一节　沉降分类的基本概念

沉降操作是依靠某种力的作用,利用分散物质与分散介质的密度差异,使之发生相对运动而分离的过程。用来实现这种过程的作用力可以是重力,也可以是惯性"离心力"。

沉降分离在环境工程领域应用广泛,如在水处理中,污水处理厂的沉砂池、初级沉淀池、二级沉淀池、污泥的浓缩等;在大气净化中,沉淀分离广泛应用于废气的预处理中,用于除去易除去的大颗粒固体废物。

沉降分离包括重力沉降、离心沉降、电沉降、惯性沉降和扩散沉降。重力沉降和离心沉降是利用分散介质与分散物质之间的密度差异,在重力或离心力的作用下使两者之间发生相对运动从而实现两者的分离;电沉降是将颗粒置于电场中使之带电,利用带电后的颗粒物在电场中与流体间发生相对运动从而实现两者的分离;惯性沉降是指颗粒物与流体一起运动时,由于在流体中存在的某种障碍物,流体产生绕流,而颗粒物由于惯性偏离流体;扩散沉降是利用微小粒子运动过程中碰撞在某种障碍物上,从而与流体分离。

各种类型的沉降分离过程和作用力如表 2-1 所示。

表 2-1　各种类型的沉降分离过程和作用力

沉降过程	作用力	适用范围
重力沉降	重力	沉降速度小,适用于较大颗粒的分离

续表

沉降过程	作用力	适用范围
离心沉降	"离心力"	适用于不同大小颗粒的分离
电沉降	电场力	适用于带电微细颗粒($0.1\mu m$ 以下)的分离
惯性沉降	惯性力	适用于 $10\mu m$ 以上粉尘的分离
扩散沉降	热运动	适用于微细颗粒($0.01\mu m$ 以下)的分离

第二节　重力沉降

一、重力沉降速度

(一)球形颗粒的自由沉降

自由沉降,是指任一颗粒的沉降不因流体中存在其他颗粒而受到干扰。自由沉降发生在流体中颗粒稀疏的情况下,否则颗粒之间便会产生相互影响,而发生干扰沉降。

设想把一表面光滑的球形颗粒置于静止的流体介质中,如果颗粒的密度大于流体的密度,则颗粒将在流体中做下沉运动。此时,颗粒在垂直方向上会受到三个力的作用,分别为重力 G、浮力 F_b 和流体的阻力 F_d,如图 2-1 所示。重力向下,浮力向上,阻力与颗粒运动的方向相反,即方向向上。

图 2-1　静止流体中颗粒受力示意图

颗粒和流体一定,则颗粒受到的重力和浮力均恒定,但阻力会随颗粒与流体间的相对运动速度而发生变化。令颗粒的密度为 ρ_s、直径为 d_s,流体的密度为 ρ,则重力 G、浮力 F_b 和阻力 F_d 分别为:

$$G = \frac{\pi}{6} d_{s}^{3} \rho_{s} g$$

$$F_{b} = \frac{\pi}{6} d_{s}^{3} \rho g$$

$$F_{d} = \xi A \frac{\rho u^{2}}{2}$$

式中：A ——颗粒沿沉降方向的最大投影面积，对于球形颗粒 $A = \frac{\pi d_{s}^{2}}{4}$，$m^{2}$；

　　　u ——颗粒相对于流体的下沉速度，m/s；

　　　ξ ——阻力系数。

根据牛顿第二运动定律可知，此三力的代数和应等于颗粒质量 m 与其加速度 a 的乘积，即：

$$G - F_{b} - F_{d} = ma$$

或

$$\frac{\pi}{6} d_{s}^{3} (\rho_{s} - \rho) g - \xi \frac{\pi}{4} d_{s}^{2} \left(\frac{\rho u^{2}}{2} \right) = \frac{\pi}{6} d_{s}^{3} \rho_{s} \frac{\mathrm{d}u}{\mathrm{d}\theta} \tag{2-1}$$

式中：m ——颗粒的质量，kg；

　　　a ——加速度，m/s^{2}；

　　　θ ——时间，s。

(二)沉降速度计算

颗粒开始沉降的瞬间，$u = 0$，$F_{d} = 0$，因而，颗粒的加速度最大。随后颗粒的 u 值不断增加，所受到的阻力 F_{d} 随之增大，直至 u 达到某一定值 u_{t} 时，作用于颗粒的重力、浮力和阻力达到平衡，则 $a = 0$，于是颗粒开始做匀速沉降运动。

由此可见，颗粒的沉降过程分为起初的加速和随后的等速两个阶段。加速阶段终了时颗粒相对于流体的速度 u_{t}，也即等速阶段颗粒与流体间的相对运动速度，称为"沉降速度"。

在工程实际中，因大部分沉降操作所处理的物料粒径甚小，颗粒与流体间的接触表面相对较大，阻力随速度增长很快，可在很短的时间内便与颗粒所受的净重力接近平衡。因此，加速阶段常可以忽略不计。

根据沉降速度定义，当 $a = 0$ 时，$u = u_{t}$，将其代入式(2-1)，得：

$$u_t = \sqrt{\frac{4gd_s(\rho_s - \rho)}{3\xi\rho}} \qquad (2\text{-}2)$$

式中：u_t—— 球形颗粒的自由沉降速度，m/s。

层流区$(10^{-4} < Re_p \leqslant 2)$：

$$u_t = \frac{d_s^2(\rho_s - \rho)g}{18\mu} \qquad (2\text{-}3)$$

过渡区$(2 < Re_p \leqslant 500)$：

$$u_t = 0.27\sqrt{\frac{d_s(\rho_s - \rho)g}{\rho}}Re_p^{0.6} \qquad (2\text{-}4)$$

湍流区$(500 < Re_p < 2 \times 10^5)$：

$$u_t = 1.74\sqrt{\frac{d_s(\rho_s - \rho)g}{\rho}} \qquad (2\text{-}5)$$

在层流区，由流体黏性而引起的表面摩擦阻力占主要地位。在湍流区，由流体在颗粒尾部出现边界层分离而形成旋涡所引起的形体阻力占主要地位。由牛顿公式可见，在湍流区，流体黏度 μ 对沉降速度 u_t 已无影响。在过渡区中，表面摩擦阻力和形体阻力二者均不可忽略。

上述三个计算公式既适用于静止流体中的运动颗粒，也适用于运动流体中的静止颗粒，或者是逆向运动着的流体与颗粒，以及同向运动但具有不同速度的流体与颗粒之间的相对运动速度的计算。

上述公式是基于颗粒在流体中做自由沉降而推导得出的，因此在使用时，还需满足如下两个条件：①容器的尺寸要远远大于颗粒的尺寸（譬如 100 倍以上），否则器壁会对颗粒的沉降产生显著的阻碍作用；②颗粒不可过分细微，否则由于流体分子的碰撞会使颗粒发生布朗运动。

二、降尘室

重力沉降是一种最简单的沉降分离方法，在环境工程领域中的应用十分广泛。重力沉降既可用于气体净化中粉尘与气体的分离，又可用于水处理中水与颗粒物的分离，还可用于不同大小或不同密度颗粒的分离。在气体净化中，用于分离气体中尘粒的重力沉降设备称为降尘室，结构如图 2-2 所示。

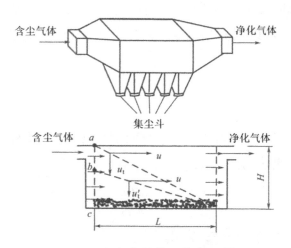

图 2-2　降尘室及其工作原理图

操作时,含有颗粒的流体以均匀速度 u 从左向右水平地流过降尘室。这时,颗粒因重力的作用以与在静止流体中完全相同的沉降速度 u_t 向下沉降。假设直径为 d_{sc} 的球形颗粒从左上方的 a 点进入,被流体裹携着一起向右移动,只要在流体通过降尘室的时间内颗粒能够降至室底,颗粒便可从流体中分离出来。

令 L 为降尘室的长度(m),H 为降尘室的高度(m),W 为降尘室的宽度(m),u_t 为颗粒的沉降速度(m/s),u 为流体在降尘室内水平通过的流速(m/s),则颗粒沉降至室底所需的时间为:

$$\theta_t = \frac{H}{u_t}$$

流体通过降尘室的时间为:

$$\theta = \frac{L}{u}$$

于是,颗粒能被分出的条件为 $\theta_t \leqslant \theta$,即:

$$\frac{H}{u_t} \leqslant \frac{L}{u} \tag{2-6}$$

当然,如果颗粒从比 a 点低的位置进入室内,或者直径大于 d_{sc} 的颗粒,都会在到达右端前沉入室底。然而,直径小于 d_{sc} 的颗粒能否沉至室底,取决于其从左端进入的位置。设直径为 d_s 的颗粒从 b 点进入,在到达右端之前就可沉入室底。如果是从比 b 点更高的位置进入,则直至随同流体一起排出室外仍不能被分离。假设含尘气体沿高度 H 均布进入降尘室,则直径为 d_s 的颗粒通过降尘室能被分离的比例可通过如下比例关系计算确定。

假设颗粒的沉降运动处于层流区,直径为 d_{sc} 和 d_s。颗粒的沉降速度分别为 u_t 和 u_t'从图 2-2 可以明显地看到,直径为 d_s 的粒子能够沉至降尘室底部的比例为:

$$f = \frac{bc}{ac} = \frac{u_t'}{u_t} = \frac{d_s^2}{d_{sc}^2} \tag{2-7}$$

令 q_V 代表降尘室所处理的含尘气体的体积流量(又称为降尘室的生产能力),则气体的水平流速为:

$$u = \frac{q_V}{WH}$$

将此关系代入式(2-6)并整理,得:

$$q_V \leqslant LWu_t \tag{2-8}$$

式(2-8)表明,降尘室的生产能力只与其降尘面积 LW 及颗粒的沉降速度 u_t 有关,而与降尘室的高度 H 无关。因此,在实际操作中,通过重力沉降处理含尘气体时,常可将降尘室做成多层,以提高其生产能力,并减小占地空间。这样的降尘室称为多层降尘室,结构如图 2-3 所示。室内以水平隔板均匀分成若干层,隔板间距通常为 $40\sim100\text{mm}$。

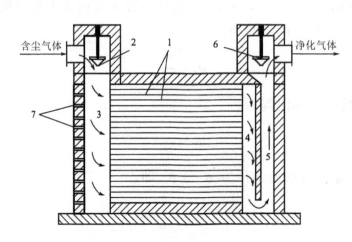

1—隔板;2、6—调节闸阀;3—气体分配道;4—气体凝聚道;5—气道;7—清灰口

图 2-3 多层降尘室

对降尘室进行计算时,沉降速度应根据需要分离下来的最小颗粒确定。气流速度 u 不应过高,以免干扰颗粒的沉降或把已经沉降下来的颗粒重新卷起。为此,应保证气体流动的雷诺数处于滞流范围以内,这样才可近似认为颗粒在静止流体中进行沉降。

一般地,进行分离操作的颗粒直径通常很小,其沉降过程多处于层流区,沉降速度可用斯托克斯公式计算。根据分离条件,要使粒径大于 d_{sc} 的球形粒子完全分离,则降尘室的长度 L 可表达为:

$$L \geqslant \frac{Hu}{u_t} \geqslant Hu \frac{18\mu}{g d_{sc}^2}(\rho_s - \rho) \qquad (2\text{-}9)$$

因为 L 与粒径的平方 d_{sc}^2 成反比,因此,当需要能够被完全分离的粒子直径变小时,设备的长度就需大幅度增加。显然,当所要分离的粒子尺寸变得很小时,利用作为自然能的位能进行分离的沉降设备就会变得非常巨大,设备投资费用显著提高而失去其经济性。所以通过重力沉降分离的粒径 d_{sc}^2 是有限度的。一般地,对气相来说,能够被分离的颗粒粒径约为一至十几微米,而在液相中为数十微米。

三、沉淀池

沉淀池是水处理中分离悬浮液的常见构筑物。因所处理的悬浮液浓度较高,颗粒的沉降多属于干扰沉降,其情况与自由沉降有明显区别,有关计算可参考专业书籍。沉淀池有平流式、竖流式、辐流式等形式,图 2-4 所示为最典型的平流式沉淀(砂)池结构简图。

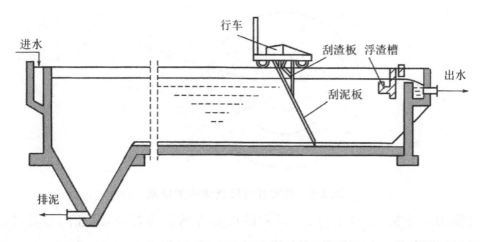

图 2-4 平流式沉淀(砂)池

池形呈长方形,由进、出水口、水流部分和污泥斗等部分组成。进口设在池的一端,通常采用淹没进水孔结构,水由进水渠通过均匀分布的进水孔流入池体,进水孔后设有挡板,使水流均匀地分布在整个池宽的横断面。沉淀池的出口设在池长的另一端,多采用溢流堰,以保证沉淀后的澄清水可沿池宽均匀地流入出水渠。堰前设浮渣槽和挡板以截留水面浮渣。水流部分是池的主体,池宽和池深要保证水流沿过水断面布水均匀,级慢而稳定地流过。污泥斗用来积聚沉淀下来的污泥,多设在池前部的池底以下,斗底有排泥管,定期排泥。

平流式沉淀池多用混凝土筑造,或为砖石衬砌的土池。平流式沉淀池构造简单,沉淀效果好,工作性能稳定,使用广泛,但占地面积较大。为提高沉淀池工作效率,可装设刮泥机或对密度较大的沉渣进行机械排除。

第三节　离心沉降

一、离心沉降速度

如图 2-5 所示,当流体裹挟着颗粒高速旋转时,便形成了惯性离心力场。由于颗粒和流体间存在密度差,因此,在惯性离心力的作用下,颗粒便会沿径向与流体发生相对运动,从而实现颗粒和流体的分离。由于在高速旋转的流体中,颗粒所受的离心力比重力大很多,且可根据需要进行调节,所以其分离效果要好于重力沉降。

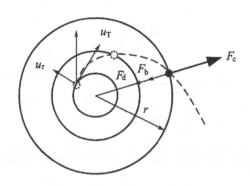

图 2-5　颗粒在旋转流体中的运动

与重力沉降相仿,对于图 2-5 所示的离心力场中的颗粒,沿径向对其进行受力分析,可推导得出离心沉降速度的表达式。假设颗粒呈球形,直径为 d_s,密度为 ρ_s,流体密度为 ρ,颗粒至旋转中心轴的距离为 r,颗粒随同流体的切向速度为 u_T,颗粒与流体在半径方向的相对运动速度为 u_r,则颗粒在径向上受到的三个作用力可分别表达如下。

惯性离心力为：

$$F_c = \frac{\pi}{6} d_s^3 \rho_s \frac{u_T^2}{r}$$

向心力为：

$$F_b = \frac{\pi}{6} d_s^3 \rho \frac{u_T^2}{r}$$

流体对颗粒的阻力为：

$$F_d = \xi \frac{\pi}{4} d_s^2 \frac{\rho u_r^2}{2}$$

若 $\rho_s > \rho$，则颗粒向外运动，流体对颗粒的阻力沿半径指向中心。若此三力能够达到平衡，则平衡时颗粒在径向上相对于流体的速度 u_r 便是它在此位置上的离心沉降速度。于是由：

$$\frac{\pi}{6} d_s^3 \rho_s \frac{u_T^2}{r} - \frac{\pi}{6} d_s^3 \rho \frac{u_T^2}{r} - \xi \frac{\pi}{4} d_s^2 \frac{\rho u_r^2}{2} = 0$$

可得离心沉降速度：

$$u_r = \sqrt{\frac{4 d_s (\rho_s - \rho)}{3 \xi \rho} \frac{u_T^2}{r}} \tag{2-10}$$

颗粒的离心沉降速度 u_r 与重力沉降速度 u_t 具有相似的表达式，即将重力加速度 g 改为离心加速度 $\frac{u_T^2}{r}$，便可得式(2-10)。但同时也要注意 u_r 与 u_t 间的重要区别：u_t 的方向垂直向下，而 u_r 是沿径向向外，即背离旋转中心；对于一定的物系，u_t 是不变的，但是因离心力随旋转半径而变化，致使离心沉降速度 u_r 也随颗粒的位置而变。

若颗粒随同流体的旋转角速度为 w，则离心加速度 a_r 也可表示为：

$$a_r = w^2 r$$

则：

$$u_r = \sqrt{\frac{4 d_s (\rho_s - \rho) u_T^2}{\xi \rho}} \tag{2-11}$$

同样，在离心沉降过程中，一般颗粒的直径也比较小，基本上在滞流区，所以将 $\zeta = 24 / Re_p$ 代入式(2-11)中可得：

$$u_r = \frac{d_s^2(\rho_s - \rho)w^2 r}{18\mu} \tag{2-12}$$

也可表示为：

$$u_r = \frac{d_s^2(\rho_s - \rho)u_T^2}{18\mu} \tag{2-13}$$

式(2-12)说明,在角速度一定的情况下,离心沉降速度与颗粒旋转半径成正比。而式(2-13)显示,在颗粒圆周运动的线速度恒定的情况下,离心沉降速度与颗粒旋转的半径成反比。

工程上,常将离心加速度和重力加速度的比值称为离心分离因数,用 K_c 表示,即：

$$K_c = \frac{a_r}{g} = \frac{u_T^2}{gr} \tag{2-14}$$

若流体中颗粒的沉降运动处于滞流区,离心分离因数表明离心沉降速度是重力沉降速度的多少倍。由此可见,离心分离因数是离心分离设备的重要性能指标。某些高速离心机的离心分离因数可高达数十万。对于本节将要讨论的旋风分离器和旋液分离器,其离心分离因数一般在 5～2500,分离效能远高于重力沉降设备。

二、旋风分离器

(一)旋风分离器的操作原理

旋风分离器是基于气固间的密度差,利用惯性离心力的作用实现气—固分离的设备。对于图 2-6 所示的标准型旋风分离器,设备主体上部为圆筒形,下部为圆锥形。操作时,由圆筒上部的进气管沿切向进入设备的高速含尘气体,受器壁约束而旋转向下做螺旋形运动。在惯性离心力的作用下,颗粒被甩向器壁从而与气流分离,再沿壁面落至锥底的排灰口。净化后的气流在中心轴附近范围内由下而上做旋转运动,最后由顶部排气管排出。通常把下行的螺旋形气流称为外旋流,上行的螺旋形气流称为内旋流。内、外旋流气体的旋转方向是相同的。其中外旋流的上部为主要除尘区。

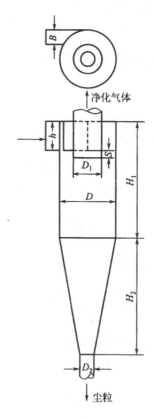

$$h=D/2; B=D/4; D_1=D/2; H_1=H_2=2D; S=D/8; D_2=D/4$$

图 2-6 标准型旋风分离器

旋风分离器具有结构简单、造价低廉、没有活动部件、可用各种材料制造、操作条件范围宽广、分离效率较高等优点,是化工、采矿、冶金、机械、轻工、环保等工业部门最常用的一种除尘、分离设备。旋风分离器一般常用来去除气流中直径在 $5\mu m$ 以上的尘粒。对颗粒含量高于 $200g/m^3$ 的气体,由于颗粒聚结作用,此类设备甚至能除去 $3\mu m$ 以下的颗粒。为减少颗粒对设备的磨损,对于直径在 $200\mu m$ 以上的粗大颗粒,通常先用重力沉降除去,然后用旋风分离器进行进一步的精细分离。

(二)旋风分离器的性能

1. 临界粒径

所谓临界粒径,是指在旋风分离器内能被完全分离下来的最小颗粒的直径。临界粒径是判断分离效率高低的重要依据。

为推导临界粒径的计算公式,可做如下简化假设。

①进入旋风分离器的气流做严格的螺旋线形等速运动,其切向速度等于进口气速 u。

②颗粒向器壁沉降时,必须穿过厚度等于整个进气口宽度 B 的气流层,才能到达壁面而被分离。

③颗粒做自由沉降运动,且处于层流区。

由假设③,颗粒的沉降速度可用式(2-13)求得。公式中的旋转半径 r 取平均值 r_m;由假设①,式中的 $u_T = u$,同时因气体密度 $\rho <$ 固体颗粒密度 ρ_s,故可略去式(2-13)中的 ρ。于是,气流中颗粒的离心沉降速度可表示为:

$$u_r = \frac{d_s^2 \rho_s u^2}{18 \mu r_m}$$

则颗粒到达器壁所需的沉降时间为:

$$\theta_t = \frac{B}{u_r} = \frac{18 \mu r_m B}{d_s^2 \rho_s u^2}$$

令气流在旋风分离器内的有效旋转周数为 N_e,则气流在设备内运行的距离便为 $2\pi r_m N_e$,于是停留时间为:

$$\theta = \frac{2\pi r_m N_e}{u}$$

N_e 值一般为 $0.5 \sim 3.0$,但对于图 2-6 所示的标准型旋风分离器,N_e 取值为 5.0。

若某种尺寸的颗粒所需的沉降时间恰等于停留时间,该颗粒即为理论上能被完全分离下来的最小颗粒。以 d_{sc} 代表这种颗粒的直径,即临界直径,则:

$$\frac{18 \mu r_m B}{d_s^2 \rho_s u^2} = \frac{2\pi r_m N_e}{u}$$

对该式进行整理,可得:

$$d_{sc} = \sqrt{\frac{9\pi B}{\pi N_e \mu \rho_s}} \tag{2-15}$$

根据 d_{sc} 的概念,比 d_{sc} 大的粒子均可被分离,比 d_{sc} 小的粒子则需要根据其入口位置来分析它能被分离的可能性。

一般旋风分离器都以圆筒直径 D 为基本参数,其他尺寸均与 D 成一定比例。因此,由式(2-15)可见,临界粒径随分离器尺寸的增大而增大,相应地,分离效率随分离器尺寸的增大而减小。所以当气体处理量很大时,常将若干个小尺寸的旋风分离器并联使用(称为旋风分离器组),以维持较高的除尘效率。

2.分离效率

旋风分离器的分离效率有总效率和分效率(又称粒级效率)两种表示法。

总效率,是指进入旋风分离器的全部颗粒中被分离下来的质量分数,用 η_0 表示,即:

$$\eta_0 = \frac{C_1 - C_2}{C_1} \tag{2-16}$$

式中:C_1,C_2——进、出旋风分离器的气体中所含尘粒的质量浓度,g/m^3。

总效率在工程实际中最常用,也最易测定,但其无法表明旋风分离器对各种尺寸粒子的分离效果。含尘气流中的颗粒通常是大小不均的。通过旋风分离器之后,各种尺寸的颗粒被分离下来的百分率会不相同。颗粒小,所受离心力也小,沉降速度相对也低,被去除的比例自然也低。因此,采用相同的旋风分离器处理含尘浓度相同且气体性质亦相同的不同来源的气流时,会因气流中所含尘粒的粒度分布不同而有不同的分离总效率。

分效率,又称粒级效率,就是按各种粒度分别表示出其被分离下来的质量分数,用 η_{pi} 代表。通常是把气流所含颗粒的尺寸范围分成 n 个小段,则第 i 小段内颗粒(平均粒径为 d_i)的粒级效率定义为:

$$\eta_{pi} = \frac{C_{1i} - C_{2i}}{C_{1i}} \tag{2-17}$$

式中:C_{1i}——进口气体中粒径 在第 i 段范围内颗粒的质量浓度,g/m^3;

C_{2i}——出口气体中粒径在第 i 段范围内颗粒的质量浓度,g/m^3。

总效率与粒级效率的关系为:

$$\eta_0 = \sum_{i=1}^{n} x_i \eta_{pi} \tag{2-18}$$

式中:x_i——粒径为 d_i 的颗粒占总颗粒的质量分数。

(三)压降

气体流经旋风分离器时,由于进气管、排气管及主体器壁所引起的摩擦阻力、气体流动时的局部阻力及气体旋转运动所产生的动能损失等,造成气体的压降。可将压降看作与进口气体动压成正比,即:

$$\Delta p = \xi \frac{\rho u^2}{2} \tag{2-19}$$

式中：ζ——比例系数，亦称阻力系数，对于同一结构形式及尺寸比例相同的旋风
　　　　分离器，ζ为常数。

图 2-6 所示的标准型旋风分离器，其阻力系数 ζ＝8.0。旋风分离器的压降一般为 500～2000Pa。

影响旋风分离器性能的因素众多且复杂，物系特性及操作条件是其中的重要因素。一般来说，颗粒的尺寸大、密度高、进口气速高以及粉尘浓度高等都有利于分离。例如，提高含尘浓度有利于颗粒的凝结，进而提高分离效率，而且提高尘粒浓度也可抑制气体涡流，从而使阻力下降，因此，较高的含尘浓度对降低压降和提高效率均有利。但有些因素则会对旋风分离器的性能产生相互矛盾的影响，譬如进口气速稍高有利于分离，但过高则招致涡流加剧，反而不利于分离。因此，旋风分离器的进口气速以保持在 10～25m/s 范围内为宜。

三、旋液分离器

旋液分离器是利用离心沉降原理分离液固混合物的设备，其结构和操作原理与旋风分离器类似。设备主体也是由圆筒体和圆锥体两部分组成，如图 2-7 所示。悬浮液由入口管切向进入，并向下做螺旋运动，固体颗粒在惯性离心力作用下，被甩向器壁后随旋流降至锥底。由底部排出的稠浆称为底流，清液和含有微细颗粒的液体则形成内旋流螺旋上升，从顶部中心管排出，称为溢流。

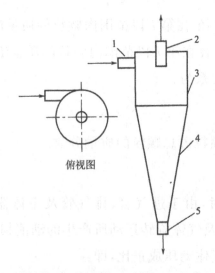

1—进料管；2—溢流管；3—圆管；4—锥管；5—底流管

图 2-7　旋液分离器示意图

旋液分离器的结构特点是直径小且圆锥部分长,其进料速度为 $2\sim10\mathrm{m/s}$,可分离的粒径为 $5\sim200\mu\mathrm{m}$。若悬浮液中含有不同密度或不同粒径的颗粒,可使大直径或大密度的颗粒从底流送出,通过调节底流量与溢流量的比例,进而控制两流股中的颗粒大小,这种操作称为分级。用于分级的旋液分离器称为水力分离器。

旋液分离器还可用于不互溶液体的分离、气液分离以及传热、传质及雾化等操作中,因而广泛应用于多种工业领域。与旋风分离器相比,其压降较大,且随着悬浮液密度的增大而增大。在使用中设备磨损较严重,应考虑采用耐磨材料作内衬。

第四节　其他沉降

一、电沉降

电沉降是含尘气体在通过高压电场进行电离的过程中,使尘料荷电,并在电场力的作用下使尘粒沉积在集尘极上,将尘粒从含尘气体中分离出来的一种除尘设备。电除尘过程与其他除尘过程的根本区别在于:分离力(主要是静电力)直接作用在粒子上,而不是作用在整个气流上,这就决定了它具有分离粒子耗能少、气流阻力小的特点。由于作用在粒子上的静电力相对较大,因此,即使对亚微米级的粒子也能有效地捕集。

在电场中,若颗粒带电,荷电颗粒受到的静电力 F_e 为:

$$F_e = qE \tag{2-20}$$

式中:q ——颗粒的荷电量,C;

　　E ——颗粒所处电场强度,$\mathrm{V/m}$。

若电场强度很强,重力或"惯性力"可忽略,颗粒所受的作用力主要是静电力和阻力。当静电力和流体阻力达到平衡时,荷电颗粒的终端电沉降速度可表示为:

$$u_{te} = qE/(3\pi\mu d_p) \tag{2-21}$$

电除尘器的主要优点如下:压力损失小,一般为 $200\sim500\mathrm{Pa}$;处理烟气量大,一般为 $10^5\sim10^6\mathrm{m^3/h}$;能耗低,为 $0.2\sim0.4\mathrm{W\cdot h/m^3}$;对细粉尘有很高的捕

集效率,可高于99%;可在高温或强腐蚀性气休条件下操作。

虽然在实践中电除尘器的种类和结构繁多,但都基于相同的工作原理。其原理涉及悬浮粒子荷电、带电粒子在电场内迁移和捕集,以及将捕集物从集尘表面上清除这三个基本过程。

高压直流电晕是使粒子荷电的最有效办法,广泛应用于静电除尘过程。电晕过程发生于活化的高压电极和接地极之间,电极之间的空间内形成高浓度的气体离子,含尘气流通过这个空间时,粉尘粒子在百分之几秒的时间内因碰撞俘获气体离子而导致荷电。粒子获得的电荷随粒子大小而异。一般来说,直径 $1\mu m$ 的粒子大约获得 30000 个电子的电量。

荷电粒子的捕集是使其通过延续的电晕电场或光滑的不放电的电极之间的纯静电场而实现的。前者称为单区电除尘器,后者因粒子荷电和捕集是在不同区域内完成的,称为双区电除尘器,如图 2-8 所示。

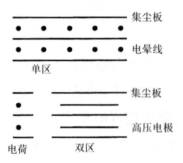

图 2-8　单区和双区电除尘器示意图

通过震打除去接地电极上的粉尘层并使其落入灰斗。当粒子为液态(如硫酸雾或焦油)时,被捕集粒子会发生凝结并滴入下部容器内。

为保证电除尘器在高效率下运行,必须使粒子荷电,并有效地完成粒子捕集和清灰等过程。

二、惯性沉降

如图 2-9 所示,颗粒与流体一起运动时,若流体中存在障碍物,流体将沿障碍物产生绕流,而颗粒物由于惯性作用将会偏离流线。惯性沉降就是利用这种由惯性引起的颗粒与流线的偏离,使颗粒在障碍物上沉降的过程。但颗粒能否沉降在障碍物上,取决于颗粒的质量和相对于障碍物的运动速度和位置。

在环境工程领域,利用惯性沉降原理进行颗粒物分离的有惯性除尘器,主要用于从气体中分离粉尘。为了改善沉降室的除尘效果,可在沉降室内设置各种形式的挡板,使含尘气流冲击在挡板上,让气流方向发生急剧转变,从而借助尘粒本身的惯性作用,使其与气流分离。如图 2-10 所示,为含尘气流冲击在两块挡板上时尘粒分离的机理。当含尘气流冲击到挡板 B_1 上时,惯性大的粗尘粒(d_1)首先被分离下来。被气流带走的尘粒(d_2,且 $d_2 < d_1$),由于挡板 B_2 使气流方向转变,借助"离心力"作用也被分离下来。设该点气流的旋转半径为 R_2,切向速度为 u_1,则尘粒 d_2 所受"离心力"与 $(d_2^2 \cdot u_1^2)/R_2$ 成正比。显然这种惯性除尘器,除借助惯性作用外,还会利用重力的作用。

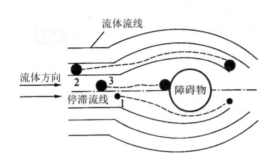
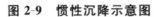
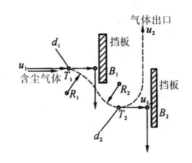

图 2-9　惯性沉降示意图　　　　图 2-10　惯性除尘器的分离原理

　　惯性除尘器结构多种多样,可分为以气流中粒子冲击挡板捕集较粗粒子的冲击式和通过改变气流流动方向而捕集较细粒子的反转式。图 2-11 为冲击式惯性除尘器的结构示意图,其中,图 2-11(a)为单级式,图 2-11(b)为多级式。在这种设备中,沿气流方向设置一级或多级挡板,使气体中的尘粒冲撞挡板而被分离。

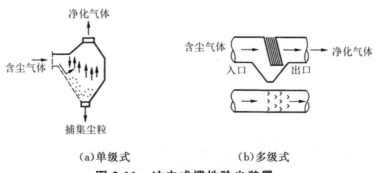

(a)单级式　　　　　　(b)多级式

图 2-11　冲击式惯性除尘装置

　　图 2-12 所示为几种反转式惯性除尘器,其中图 2-12(a)为弯管型,图 2-12(b)为百叶型,图 2-12(c)为多层隔板型(塔式)。弯管型和百叶型反转式

除尘装置与冲击式惯性除尘装置都适用于烟道,除尘塔式除尘装置主要用于烟雾的分离。

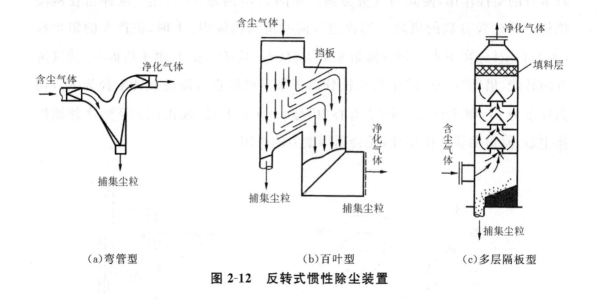

  (a)弯管型   (b)百叶型   (c)多层隔板型

图 2-12 反转式惯性除尘装置

第三章

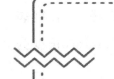

环境微生物

第一节 概述

一、环境工程微生物分类

微生物是指环境中一些个体微小、难以用肉眼观察到的生物群体。它们的种类繁多,分布极广,一般生物能生存的环境中都存在着微生物,绝大部分生物无法企及的环境,如高温火山口、严寒冰川极地、干旱沙漠、高盐度湖泊以及高酸碱度等极端环境中也能发现微生物。微生物可以分为细胞型微生物和非细胞型微生物。细胞型微生物可根据细胞结构分为原核生物和真核生物,非细胞型微生物包括病毒和亚病毒(类病毒、拟病毒、朊病毒等)。

(一)原核生物

原核生物是一种 DNA 裸露、无核膜包裹的单细胞生物,细胞内没有任何带膜的细胞器。原核生物包括细菌、放线菌、立克次氏体、衣原体、支原体、蓝细菌和古菌等。它们的个体微小,一般为 $1\sim10\mu m$,仅为真核细胞的十分之一至万分之一。

1. 细菌

(1)基本状态

细菌是指一类形状细短、结构简单、细胞壁坚韧、多以二分裂方式繁殖的单细胞原核生物。细菌是自然界中分布最广、数量最大、与人类关系极为密切的一类微生物。细菌在环境中起着非常重要的作用,能够将各种无机、有机污染物转化为无害的矿物质，从而实现生态系统的物质循环。

细菌的基本形状主要分为三类：球状、杆状、螺旋状，分别简称为球菌、杆菌、螺旋菌。细菌个体微小，表示其大小的单位一般用 μm。球菌的大小用菌体直径表示，一般大小为 $0.5\sim1.0\mu m$。杆菌和螺旋菌则以其宽度（即直径）×长度表示，螺旋菌的长度表示的是其两端间的距离。杆菌直径在 $0.4\sim1.0\mu m$，长度为宽度的一至数倍。

原核细胞的结构包括基本结构和特殊结构，基本结构包括细胞壁、细胞膜、细胞质、核质体、核糖体、异染粒等，为多数原核细胞所共有；特殊结构包括鞭毛、菌毛、荚膜、芽孢、伞毛、孢囊等，仅为部分细菌或一般细菌在特殊环境下才有。

细菌的繁殖为无性繁殖，主要为裂殖，也有出芽生殖和孢子生殖。裂殖即一个母细胞分裂成两个子细胞。分裂时，核 DNA 分别以两条单链为模板复制出一套新双螺旋链，随后形成两个核区，然后产生新的双层质膜与壁，将细胞分隔为两个。细菌分裂产生的两个子细胞的形状、大小一致的，称为同形分裂或对称分裂；两个子细胞的形状、大小不一致的，称为异形分裂或不对称分裂。出芽生殖即在母细胞表面先形成突起之后，逐渐长大并与母细胞分开。有少数细菌能由单个细胞形成许多分裂孢子或节孢子，这样的繁殖方式称为孢子生殖。

（2）环境工程中的典型细菌种群

污水生物处理系统中的活性污泥是微生物群体（包括细菌、真菌、放线菌、原生动物等）存在的主要形式，与微生物的絮凝作用密切相关。在污水生物处理系统中，具有荚膜和黏液层的细菌相互粘连形成菌胶团，而菌胶团之间的粘连就形成了体积较大的污泥絮体。针对中国、美国、加拿大和新加坡等地的污水处理厂的活性污泥中的细菌种群分析发现，变形菌门的丰度最高，占总细菌的 $36\%\sim65\%$，其他菌门主要是厚壁菌门（$1.4\%\sim14.6\%$）、拟杆菌门（$2.7\%\sim15.6\%$）和放线菌门（$1.3\%\sim14.0\%$），此外还包括疣微菌门、绿弯菌门、酸杆菌门、浮霉菌门、TM7、热袍菌门、OD1、螺旋体门、WS3、硝化螺旋菌门和互养菌门等。

微生物技术是对工业、农业面源污染土壤进行修复的较为常用的手段。微生物能够有效降解土壤中残留的农药，当前已分离出多种降解农药的微生物，主要包括黄杆的菌属、产碱菌属、棒状杆菌属、芽孢杆菌属、假单胞菌属、节细菌属等。在受多环芳烃和重金属长期污染的土壤的细菌群落中，变形菌门为优势菌，还包括拟杆菌门、壁厚菌门、芽单胞菌门、酸杆菌门、绿弯菌门、疣微菌门、SPAM

和 TM7 等。

空气中颗粒物 $PM_{2.5}$ 和 PM_{10} 对公共健康构成了严重的威胁,其包含的微生物是引起各种过敏以及呼吸系统疾病传播的重要原因。例如,北京空气严重污染事件发生时,$PM_{2.5}$ 和 PM_{10} 中的细菌主要包括放线菌门、变形菌门、绿弯菌门、厚壁菌门、拟杆菌门等。

(3)环境工程中常见的细菌种属

大肠杆菌为革兰阴性短杆菌,周身鞭毛,能运动,无芽孢。主要生活在人和动物大肠内,异养兼性厌氧型代谢。大肠杆菌常应用于基因工程中,作为外源基因表达的宿主,具有遗传背景清楚、技术操作简单、培养条件简单、大规模发酵经济等特点。目前大肠杆菌是应用最广泛、最成功的表达体系,常作为高效表达的首选体系。

假单胞菌属为直或稍弯的革兰阴性杆菌,大小为 $(0.5\sim1\mu m)\times(1.5\sim4\mu m)$,以极生鞭毛运动,不形成芽孢,有些株产生荧光色素或红、蓝、黄、绿等水溶性色素,能利用多种有机物,能以有机氮或无机氮为氮源,但不能固定分子氮,严格有氧呼吸代谢,从不发酵糖类,有的种属在硝酸盐存在时可进行厌氧呼吸。目前已确认有 29 种,其中至少有 3 种对动物或人类致病。假单胞菌在环境治理过程中应用广泛,可用于生物脱氮,石油、氯苯类稳定剂、洗涤剂及农药生物降解,含氮有机物的转化,汞甲基化与甲基汞降解,半纤维素分解等。

芽孢杆菌属为革兰阳性菌,产生芽孢,无荚膜,需氧或兼性厌氧。其包括炭疽芽孢杆菌、蜡状芽孢杆菌、枯草芽孢杆菌、蕈状芽孢杆菌、多黏芽孢杆菌等。一些芽孢杆菌具有反硝化能力,可用于生物脱氮,还可用于农药、氯苯类稳定剂的降解,以及汞甲基化和半纤维素的分解等。

产碱杆菌属为革兰阴性短杆菌,常成单、双或链状排列,具有周鞭毛,无芽孢,多数菌株无荚膜,专性需氧,最适生长温度为 $25\sim37℃$,部分菌株能在 $42℃$ 生长,营养要求不高,普通培养基上生长良好。氧化酶反应阳性,不分解任何糖类,葡萄糖氧化发酵培养基中产碱。除部分菌株能利用柠檬酸盐和部分菌株能还原硝酸盐外,多数生化反应为阴性。一些产碱杆菌可降解多种有机物,如石油、洗涤剂、农药及氯苯类稳定剂等。

微球菌属为革兰阳性球菌,直径为 $0.5\sim2.0\mu m$,成对、四联或成簇出现,但不成链。微球菌属不能运动、不生芽孢、严格好氧,菌落常有黄或红的色调,含细胞色素,抗溶菌酶。接触酶呈阳性,氧化酶呈阳性,但不明显。最适生长温度为25～37℃。通常耐盐,可在5％NaCl中生长。最初出现在脊椎动物皮肤和土壤中,但从食品和空气中也常常能分离到。许多微球菌具有反硝化能力,可用于生物脱氮。有些种可降解石油及洗涤剂类。

不动杆菌属为革兰阴性菌,无芽孢,无鞭毛,专性好氧。氧化酶呈阴性,接触酶呈阳性,不发酵糖类,不还原硝酸盐。最适生长温度为35℃。是除磷的优势菌种,有些种可降解氯苯类稳定剂(润滑油、绝缘油、增塑剂、油漆、热载体、油墨)等。

2. 古菌

微生物学家在比较微生物的细胞结构、化学组成及它们的特殊生活环境时,发现有一类很特殊的微生物,其16S rRNA碱基顺序不同于细菌和真核生物,但又具有细菌和真核生物的结构特点,这些特殊菌称为古菌。古菌在结构和生理上与其他微生物有着细微的区别,如古菌细胞壁不含肽聚糖,细胞骨架由蛋白质或假肽聚糖构成,细胞膜中磷酸脂肪酸与甘油分子之间以醚键相连。此外,古菌有独特的辅酶,如产甲烷菌有 F_{420}、F_{430}、COM、B因子,使其具有很多特殊的功能。古菌大多生活在极端环境中。按照生活习性和生理特性,古菌可分为三大类型:产甲烷菌、嗜热嗜酸菌和极端嗜盐菌。根据16S rRNA序列将古菌分为五个不同的门类:广古菌门、泉古菌门、纳古菌门、奇古菌门和初古菌门。环境工程中常见的古菌主要有产甲烷菌、氨氧化古菌。

(1)产甲烷菌

产甲烷菌属于广古菌门,是一类在形态和生理方面有着极大差异的特殊类群。它们利用氢气、甲酸或乙酸等还原 CO_2 并产生甲烷,这一过程只能在厌氧条件下进行,所以产甲烷菌都是严格厌氧菌,甚至氧气对它们有致死作用。产甲烷菌细胞中含有辅酶M(β-巯基乙基磺酸)和能在低电位条件下传递电子的因子 F_{420},是产甲烷菌能在厌氧条件下产甲烷的关键酶。

产甲烷菌主要分布于有机质厌氧分解的环境中,如沼泽、湖泥、污水和垃圾处理厂、动物的胃和消化道及沼气发酵池中,自养或异养,形态有球状、杆状、丝状、螺旋状等多种类型。主要有甲烷杆菌属、产甲烷球菌属、产甲烷八叠球菌属和产甲烷螺菌属等。产甲烷菌既是全球碳生物地球化学的重要参与者和推动者,也可以作为可再生能源的生产者,利用畜禽粪便和秸秆等农业废弃物生产清洁的可再生能源——甲烷。

（2）氨氧化古菌

AOA属于泉古菌门，通过氧化铵态氮获得细胞能量，同时固定二氧化碳，进行化能无机自养生长，是生态系统中的初级生产者和深海海域等缺氧环境中氨氧化的优势微生物类群，在地球生物化学循环中起着至关重要的作用。AOA含有与化能自养氨氧化过程有关的关键基因簇，包括氨单加氧酶基因（amoA、amoB和amoC）、氨透性酶、尿酶、尿素运输系统、亚硝酸盐还原酶和NO还原酶辅助蛋白基因。AOA不仅对海洋、陆地等自然生态系统的氮循环做出了重要的贡献，在人工污水处理系统中也发挥着重要作用。在污水处理厂活性污泥反应器、膜生物反应器、生物滤池和地下水处理生物滤器等反应器中均发现了AOA和amoA基因的存在。研究污水处理系统硝化过程中AOA的群落生态结构，研究以AOA为主的脱氮工艺技术，利用AOA处理低浓度铵态氮的养殖废水，对我国水环境的氮污染防治具有非常重要的意义。

3. 蓝藻

蓝藻又称蓝细菌或蓝绿藻。蓝藻细胞无成型细胞核（拟核），无有丝分裂，细胞壁与革兰阴性菌相似，属原核生物，也是藻类的一个重要门类。蓝藻含叶绿素a、类胡萝卜素及藻胆蛋白等光合色素，能进行光合作用并产氧气。蓝藻的形态可有单细胞球状、杆状、长丝状甚至分枝状等各种类型。蓝细菌菌体外常具有胶质外套，使多个菌体或菌丝体集成一团。蓝藻以类似芽生方式繁殖。

蓝藻对生活和营养的要求都不高，因此在环境中广泛存在。它们在岩石风化、土壤形成、增加土壤氮素、保持水体生态平衡中起着重要作用，在污水处理、水体自净中也起着积极作用。然而，当蓝藻恶性增殖时，可形成"水华"与"赤潮"，会给人类带来巨大的危害与损失。某些蓝藻能产生生物毒素，称为藻毒素，能作用于人和动物的不同器官，引起中毒。

（二）真核生物

1. 真菌

真菌是一类具有真正细胞核和细胞壁的异养型生物，既有单细胞个体，也有多细胞个体。真菌的细胞壁主要成分为几丁质（又称甲壳素、壳多糖），这与植物的细胞壁主要由纤维素组成不同。真菌种类繁多，形态、大小各异，主要分为酵母菌、霉菌及蕈菌三大类群。

真菌细胞不仅具有细胞核、细胞膜、细胞质、细胞壁、核糖体等基本的细胞结构，还具有线粒体、内质网、高尔基体、液泡等完备的细胞器。真菌各类群都具有细胞壁，但其成分存在差异。大多数真菌是由菌丝构成的菌丝体。真菌菌丝的宽度为 $5\sim10\mu m$，比细菌和放线菌大几倍到几十倍。真菌菌丝可分为无隔膜菌丝和有隔膜菌丝。真菌的繁殖方式分为无性繁殖和有性繁殖。

(1)酵母菌

酵母菌是单细胞真菌。酵母菌的形态多呈圆形、卵圆形，也有特殊形态如柠檬形、三角形、藕节状、假丝状等，直径为 $5\sim30\mu m$，长为 $5\sim30\mu m$ 或更长。酵母在繁殖时子细胞没脱离母体而与母细胞相连成链状，称为假丝状。

酵母菌有发酵型和氧化型两种。发酵型酵母菌能起到发酵作用，常用于制作面包、馒头和酿酒。氧化型酵母菌具有较强的氧化能力。许多氧化型酵母菌能氧化 C_9—C_{18} 的烷烃，如假丝酵母可将石蜡氧化为 α-酮戊二酸、反丁烯二酸、柠檬酸，转化率能达到 80% 以上；拟酵母属、毕赤酵母属等对正癸烷、十六烷氧化力强；假丝酵母、粘红酵母在含油、含酚废水生物处理过程中能起积极作用。淀粉废水、柠檬酸残糖废水、油脂废水以及味精废水也可利用酵母菌处理，既处理了废水又可得到酵母菌体蛋白，用作饲料。

(2)霉菌

霉菌是丝状真菌的俗称，是由菌丝交织形成的菌丝体。菌丝体分为营养菌丝和气生菌丝两部分。营养菌丝伸入培养基内或匍匐蔓生在培养基的表面，以摄取营养和排除废物；气生菌丝生长在培养基上方的空气中，可长出分生孢子梗和分生孢子。霉菌的菌丝直径为 $3\sim10\mu m$。

霉菌广泛分布于自然界，与人类生活和生产关系密切。近代发酵工业用霉菌生产乙醇、有机酸、抗生素、酶制剂、维生素及甾体激素等。镰刀霉可用于分解废水中的无机氰化物(CN—)，去除率高达 90% 以上。有的霉菌还可处理含硝基(—NO₂)化合物的废水。霉菌有腐生和寄生两类。腐生菌中的根霉、木霉、青霉、镰刀霉、曲霉、交链孢霉等分解有机物的能力强，木霉对难降解的纤维素和木质素的分解能力强。白腐菌通过木质素过氧化物酶、锰过氧化物酶、漆酶等关键酶催化自由基链式反应，对环境中难降解的有机污染物发挥高效、广谱的降解功能。国内外许多学者开始应用白腐菌进行环境治理与修复的实验和研究，主要应用于多种工业废水处理、垃圾及其渗滤液处理、煤炭脱硫、作物秸秆发酵、土壤生物修复等方面。

2. 其他真核生物

（1）藻类

藻类是原生生物界的一类真核生物，能进行光合作用，没有根、茎、叶、花、果实的分化，繁殖方式分为无性繁殖和有性繁殖。藻的种类很多，按照其形态构造、色素组成等特点，可分为 11 个门，分别是蓝藻、绿藻、硅藻、褐藻、金藻、红藻、黄藻、轮藻、裸藻、隐藻及甲藻。裸藻作为有机污染环境的生物指标，反映有机污染的程度。绿藻存在于活性污泥、氧化塘中，是其组成部分。蓝藻、绿藻等可通过光合作用系统及特有的产氢酶，利用太阳能把水分解为氢气和氧气，从而获得清洁能源——氢气。

（2）原生动物

原生动物指无细胞壁、能自由活动的一类单细胞真核生物。原生动物在自然界分布广泛，在各类地表水都有分布，土壤、动物粪便和其他生物体内也能找到。原生动物是动物中最原始、最低等、结构最简单的单细胞动物，属原生动物门。多以腐生和寄生的方式生活，少数与其他生物共生。原生动物种类有很多，形态与生活周期差异很大。根据运动方式的不同，原生动物可分为鞭毛虫纲、肉足虫纲、纤毛虫纲和孢子纲 4 个主要类群。大的肉眼可见，小的需要用显微镜才能观察到。原生动物一般进行无性繁殖，也存在有性繁殖。在处理生活污水的活性污泥中存在大量原生动物，它们有的代谢方式与细菌类似，可以通过体表吸收溶解性有机物，然后使其氧化分解；有的可以吞噬污泥中的细小的有机物颗粒或者游离的细菌，起到净化污水的作用。

（三）病毒

病毒是由核酸分子（DNA 或 RNA）与蛋白质构成的非细胞生物，无细胞结构，无法独立进行新陈代谢和繁殖，必须寄生于宿主进行自我复制。当病毒的 DNA 或 RNA 被注入宿主细胞后，它能够改变宿主的代谢机制，利用宿主细胞提供的原料、能量和生物合成机制，进行病毒细胞的复制，并以多种方式从宿主细胞中释放出来，继续感染新的宿主细胞。

生活污水中含有大量的病毒，其中肠道病毒所占比例较大。能够通过消化道随粪便排出的肠病毒有很多，如甲肝病毒、柯萨奇病毒、脊髓灰质炎病毒、轮状病毒等。可采用物理、化学或生物方法,去除和破坏水中的病毒。物理方法主要采用加热以及光照方法破坏水中的病毒,其中加热处理效果较好,沉淀、絮凝、吸附、过滤等方法虽能够去除水中的病毒,但不能破坏和杀死病毒;化学处理法中,高 pH、化学消毒剂及染料可以破坏水中的病毒,其中以加石灰、漂白粉或碘的方法较为常用;生物因素对病毒的去除原理是生物直接吞食病毒、产生生物热、分泌抑制病毒存活的物质或影响 pH 而导致病毒失活。

病毒作为有机大分子颗粒,易被污泥等固相吸附。在污水处理过程中,大部分病毒进入污泥中,因此必须对污泥进行有效地处理,以消灭其中的病毒。灭活污泥中病毒的常用方法是干燥处理,此方法成本低廉。用堆肥处理污泥也是一种有效的方法,堆肥过程中产生的高温和微生物分泌的胞外水解酶均可杀灭病毒。污泥中病毒的去除还可采用直接加热、加石灰、紫外线或高能辐射等方法处理。

二、微生物营养物质和生理代谢

(一)微生物的化学组成

微生物细胞与其他生物细胞的化学组成相似,元素成分为碳、氢、氧、氮、硫、磷、钾、钠、镁、铁、锰、铜、钴、锌、钼等。碳、氧、氮占细胞干重的 90%～97%。碳在不同类型的微生物细胞中占 50% 左右。水是细胞的主要成分,含量很大,占细胞鲜重的 70%～80%。微生物细胞中重要的有机化合物主要是蛋白质、核酸、糖、类脂、维生素等,蛋白质是微生物细胞主要的结构成分及酶的组成成分;核酸是微生物遗传变异的物质基础;糖类物质既是细胞的结构成分,又是能量来源;类脂参与细胞的结构并可作为储藏物质;维生素是各种酶的辅基,在微生物新陈代谢过程中具有重要作用;无机物大多以元素的形式组成化合物,少数以游离态存在于细胞中。

(二)微生物营养物质

微生物同动物、植物一样,需要不断地从外部环境中吸收营养物质,经过一系列转化,从中获取能量并组成新的细胞物质,同时将废物排出体外。不同的微生物所需要的营养物质不同,有的营养要求范围很广,有的只能利用某种物质。微生物从环境中摄取的营养物质主要包括碳源(碳素化合物)、氮源(氮素化合物)、无机盐、生长因子及水分等。

1. 水分

水是微生物细胞的重要组分,微生物的生长离不开水。水的主要作用是:

①水是良好的溶剂,能将多种物质溶解,以利于微生物对营养的吸收和利用。

②水是渗透、分泌、排泄的重要媒介。

③微生物新陈代谢的每一步反应都必须有水才能进行。

④水对细胞温度的调节有十分重要的意义。

⑤保持足够的水分是细胞维持自身正常形态的重要因素。

⑥微生物通过水合作用与脱水作用控制由多亚基组成的结构,如酶、鞭毛等的组装与解离。

2. 碳源

碳源是指微生物在生长过程中能为微生物提供碳来源的物质。碳源物质既可用来组成细胞结构,又是代谢产物及细胞内储藏物质的主要原料,同时还为微生物的生命活动提供能量。因此,碳源物质通常也是机体生长所需要的能源物质。微生物能够利用的含碳化合物可分为两类,一类为无机含碳化合物,主要有CO_2和碳酸盐等;另一类为有机含碳化合物,包括糖类、脂类、醇、有机酸等。糖类中的葡萄糖、蔗糖、乳糖可用作培养微生物的碳素原料;纤维素、果胶、酚类化合物等只能被某些微生物利用。

3. 氮源

氮源是指为微生物提供氮来源的物质。氮源物质主要是构成微生物细胞结构成分和作为代谢产物的来源,一般不用作能源物质。但少数微生物如亚硝化细菌和硝化细菌能利用铵盐和硝酸盐作为能源物质,通过硝化作用从中获得能量。某些厌氧菌在无氧条件下且碳源不足时,也可利用氨基酸等氮源作为能源物质而生存。

4. 无机盐

无机盐是含磷、硫、钾、钠、钙、镁等元素的无机化合物,是微生物生长不可缺少的营养物质,其主要作用是:

①组成菌体成分。

②构成酶的组成部分或维持酶的活性。

③调节渗透压。

④调节 pH 及氧化还原电位。

⑤作为某些微生物的能源。

5. 生长因子

生长因子是指微生物生长必需且需求量很小,但微生物自身又不能合成或不能全部合成的有机物。按生长因子的化学特性及其生理作用的不同,将其分为三大类:维生素、氨基酸及嘌呤、嘧啶碱基。

生长因子在微生物生命过程中所起的作用各不相同。维生素在机体中主要是作为辅酶或酶的辅基参与新陈代谢,缺乏时,酶就不能发挥其作用;氨基酸中的 D-丙氨酸被某些微生物利用以合成细胞壁;嘌呤和嘧啶在微生物细胞内除作为酶的辅酶和辅基外,还可用于合成核苷酸或核酸等。

(三)微生物营养类型

利用的碳源物质不同,微生物主要分为两个基本的营养类型,即自养型和异养型。自养型微生物能够利用 CO_2、水、无机盐等无机物质合成自身生长发育所需要的有机物质;异养型微生物则需要复杂的有机物质作为营养才能满足其生长发育的需求。根据微生物的能量来源不同,又可将微生物分为光能营养型和化能营养型。因此,根据微生物对碳源和能源的需求不同,可将微生物分为 4 个营养类型:光能自养型、化能自养型、光能异养型和化能异养型。

1. 光能自养型

光能自养型微生物以 CO_2 作为唯一或主要碳源,以无机物(如硫化氢、硫代硫酸钠等无机硫化物)作为供氢体,还原 CO_2 合成细胞物质,并利用光能进行生长。它们都含有叶绿素或细菌叶绿素等光合色素,因此能将光能转化为化学能。藻类、蓝细菌和某些光合细菌(红硫细菌、绿硫细菌)都属于光能自养型微生物。

2. 化能自养型

化能自养型微生物以 CO_2 或碳酸盐作为唯一或主要碳源,以氢气、硫化氢、二价亚铁离子或亚硝酸盐等无机物作为电子供体,还原 CO_2 或碳酸盐合成细胞物质,并利用无机物氧化所产生的化学能作为能源。这类微生物包括氢细菌、硫细菌、铁细菌和硝化细菌等。硝化细菌广泛应用于养殖废水、工业废水和生活污水生化处理的工艺中,包括 A/O 法、A2/O 法、SBR 法、厌氧氨氧化技术、硝化反硝化技术和短程硝化反硝化技术等。

3.光能异养型

光能异养型微生物需要以有机物作为供氢体,具有光合色素,以光作为能源。光能异养型微生物在生长时,常需要外源的生长因子。

4.化能异养型

化能异养型微生物以有机化合物作为碳源,并利用有机物质氧化产生的化学能作为能源,对于这类微生物而言,有机物既是碳源又是能源。化能异养型微生物利用的有机物非常广泛,大多数细菌、放线菌以及绝大部分真菌都属于化能异养型微生物。

在环境污染控制方面,化能异养型微生物发挥着重要的作用。例如,废水生物处理系统中,有机污染物的降解主要通过化能异养型微生物的作用实现,它将废水中的污染物氧化分解,最终转化为 H_2O 和 CO_2 等,使废水得以净化。

(四)污染物的生物可降解性

污染物的生物可降解性与微生物的营养类型和生理代谢密切相关。污染物的生物降解的原理是在微生物的作用下,污染物的结构以及性质发生改变或被完全分解的过程,同时也为微生物提供了营养物质。

1.污染物的生物化学转化

在土壤和水环境中,微生物作用是物质降解的主要机制。在环境中,微生物利用污染物作为自身赖以生存的碳源和能量,通过其复杂多样的生理生化反应使污染物得以降解。环境中几种主要的生物化学转化作用如下:

(1)氧化作用

微生物能氧化某些无机物质,如 Fe、S、NH_3、无机酸根离子 NO_2,也能氧化众多有机基团,如醛基、甲基、羧基、羟基等。这些氧化作用对环境中的物质转化起着重要作用,正是这些氧化作用的共同作用才使环境中复杂的有机污染物被逐步降解。

(2)还原作用

还原作用是被还原物质(即氧化剂)的原子得到电子,还原剂失去电子的过程。环境中,大肠杆菌可进行乙烯基的还原,丙酸梭菌可进行醇的还原,如乳酸可还原为丙酸;许多土壤微生物还可进行无机物的还原,如硝酸、硫酸的还原。

（3）其他生物化学转化

水解作用是一类常见的生化反应，通常是指某些物质由于水分子的加入而转化为两种或两种以上的新物质，酯类的水解可在许多微生物作用下进行。脱氨基作用是指移除分子上的一个氨基。酯化作用是醇和羧酸或含氧无机酸生成酯和水的过程。缩合作用通常是指两种（或两种以上）物质通过某些方式缩合生成一种物质的过程，如乙醛可在酵母的作用下缩合为 3-羟基丁酮。氨化作用是指向有机物分子中引入氨基的反应，丙酮酸可在一些酵母菌的作用下，发生氨化作用，生成丙氨酸。乙酰化作用是将有机化合物分子中的氮、氧、碳原子引入乙酰基的过程。

2. 污染物的生物共代谢过程

环境中有些物质不能被微生物直接降解，但在添加易被微生物降解的物质如葡萄糖、乙醇等之后，之前微生物无法利用的难降解物质就能被分解利用的现象，称为微生物的共代谢作用。甲烷假单胞菌能够在外加甲烷的情况下氧化乙烷、丙烷、丁烷，而乙烷、丙烷及丁烷均不能作为甲烷假单胞菌的唯一碳源而支持其生长。微生物能直接利用的甲烷称为生长基质，乙烷、丙烷及丁烷等称为非生长基质。共代谢微生物不能从非生长基质的转化作用中获得能量、碳源或其他任何营养，所以只有在生长基质存在的情况下，才能通过共代谢的方式代谢非生长基质。

微生物在利用生长基质 A 时，同时非生长基质 B 也伴随着发生氧化或其他反应，这是由于 B 与 A 具有类似的化学结构，而微生物降解生长基质 A 的初始酶 E_1 的专一性不高，在将 A 降解为 C 的同时，将 B 转化为 D。但接着攻击降解产物的酶 E_2，则具有较高的专一性，不会把 D 当作 C 继续转化。所以，在纯培养的情况下，共代谢只是一种截止式转化，局部转化的产物会聚集起来。在混合培养和自然环境条件下，这种转化可以为其他微生物所进行的共代谢或其他生物对某种物质的降解铺平道路，其代谢产物可以继续降解。许多微生物都有共代谢能力。因此，如若微生物不能依靠某种有机污染物生长，并不一定意味着这种污染物就是难生物降解与转化的。因为在有合适的底物和环境条件时，该污染物就可以通过共代谢作用而降解。一种酶或微生物的共代谢产物，也可成为另一种酶或微生物的共代谢底物。例如，滴滴涕被假单胞菌代谢生成 4-氯苯乙酸，而节杆菌进一步利用 4-氯苯乙酸进行生长，从而通过共代谢作用实现 DDT

降解。

(五)污染物生物降解的影响因素

1.微生物因素

(1)微生物的代谢活性

微生物本身的代谢活动是其对物质降解与转化的最主要因素,包括微生物的种类和生长状况等。不同种类微生物对同一有机底物或有毒物质反应不同。在补加元素汞的细菌生长实验中,元素汞杀死铜绿假单胞菌,降低荧光假单胞菌的生长速度,而枯草芽孢杆菌和巨大芽孢杆菌的生长情况与对照相似,且所补加的 HgO 基本全部被氧化。同种微生物的不同菌株反应也不同。例如,用平板培养法测氯化汞对大肠杆菌敏感菌株和抗性菌株生长的影响,当培养基中含有 $0.04mmol/L$ $HgCl_2$ 时,只有抗性菌株生长,其菌落数与对照几乎相同。微生物在生长速度最快的对数期,代谢最旺盛,活性最强,在此时期添加有毒污染物,微生物受抑制的时间比在迟缓期要短得多。

(2)微生物的适应性

微生物具有较强的适应和被驯化的能力,通过适应过程,野生微生物难以降解的污染物能诱导必需的降解酶的合成;或由于微生物的自发突变而建立新的酶系;或虽不改变基因型,但显著改变其表现型,进行自我代谢调节,来降解转化污染物。因此,对污染物的降解转化,微生物的适应是另一种重要因子。

驯化是一种定向选育微生物的方法与过程,它通过人工措施使微生物逐步适应某一特定条件,最后获得具有较高耐受力和代谢活性的菌株。在环境工程中,常通过驯化来获得对污染物具有较高降解效能的菌株,以用于废水、废物的净化处理。驯化方法有多种,最常用的途径是以目标化合物为唯一或主要的碳源培养微生物,在逐步提高该化合物浓度的条件下,经多代传种而获得高效降解菌。如果仍不成功,可在驯化期配加营养基质作为易降解的类似目标物,而后逐步剔除,直到仅剩目标化合物。

以不同目标化合物为生长基质的各个菌株,在长期共同培养的过程中,遗传信息发生交换,同时发生一个或多个突变事件,从而逐步产生新的代谢活动,最终可获得兼具各原有菌株降解转化能力的新菌株。

(3)化合物结构

根据微生物对化合物的降解性,可将化合物分成可生物降解、难生物降解和不可生物降解三大类。某种有机物是否能被微生物降解取决于微生物本身特性，同时与有机物化学结构有关。有机物化学结构的复杂程度、基团的性质与位置均可影响微生物的降解活动，其降解规律主要为：

①结构简单的有机物先降解，结构复杂的后降解；分子量小的有机物更易降解。

②脂肪族化合物比芳香族化合物更易降解，多环芳烃更难降解。

③不饱和脂肪族化合物一般可以降解。

④有机化合物主要分子链上除碳元素外，还有其他元素存在时，会增加对生物降解的抵抗力。

⑤具有被取代基团的有机化合物，其异构体的多样性可能影响生物的降解性。一般情况下，有机物的支链对微生物的代谢作用有一定影响，支链越多，越难降解。

⑥功能团可影响有机化合物的降解。

2. 环境因素

（1）温度

由于化合物的生物降解过程实际上是微生物所产生的酶催化的生化反应，而温度正是酶反应动力学的重要支配因素，且微生物生长速度以及化合物的溶解度等也受温度的直接影响，因而温度对控制污染物的降解转化起着关键作用。

（2）酸碱度

对于不同微生物，其生长和繁殖的最佳 pH 值范围不同，因此环境酸碱度对生物降解有着很大的影响。一般来说，强酸强碱会抑制大多数微生物的活性，通常 pH＝4～9 时，微生物生长最佳。细菌和放线菌更喜欢中性至微碱性的环境，酸性条件有利于酵母和霉菌生长。

（3）营养

微生物生长除碳源外，还需要氮、磷、硫、镁等无机元素。因此，有些微生物没有能力合成足够数量的氨基酸、嘌呤、嘧啶和维生素等特殊有机物以满足其自身生长的需求，如果环境中这些营养成分中某一种或是某几种的供应不够，则污染物的降解转化就会受到极大限制。

（4）氧

微生物降解转化污染物的过程可能是好氧的，也可能是厌氧的。不同微生

物对于 O_2 的需求、耐受性和敏感度存在差异。根据呼吸过程中,微生物与 O_2 表现出的不同关系可将微生物分成以下几类:

①好氧性微生物。在有氧条件下,进行有氧呼吸,常见的细菌、放线菌和真菌都属于该类型微生物。在活性污泥法、生物膜法的污水处理方法中,主要利用好氧微生物进行污染物降解,并需要进行搅拌和曝气。

②厌氧性微生物。一类是专性厌氧菌,只能在缺氧条件下生长,O_2 存在致毒性,如梭状芽孢杆菌属、甲烷杆菌属、拟杆菌属等;另一类是可耐受氧性厌氧菌,代谢过程中不需要 O_2,但 O_2 对其无害,如乳酸菌。

③兼性厌氧微生物。在有氧和无氧条件下均能生长,但不同条件下的呼吸作用不同。

(5)底物浓度

由于生物化学的反应速率与底物浓度的关系密切,因此有机底物或金属本身的浓度对其降解速度会有明显的影响。某些化合物在高浓度时,由于微生物量迅速增加而快速降解。另外,某些化合物在低浓度时,易被生物降解,高浓度时却会抑制微生物的活性。

第二节　微生物反应动力学

一、基本概念

(一)微生物的分类与命名

微生物的传统定义为肉眼看不见的、必须在电子显微镜或光学显微镜下才能看见的直径小于 1mm 的微小生物。包括病毒、细菌、藻类、真菌和原生动物。其中藻类和真菌较大,如面包霉和丝状藻,肉眼就可看见。近年来还发现了细菌硫珍珠状菌和鲁鳃菌不用显微镜也能看见。根据微生物分类学,其分为界、门、纲、目、科、属、种,种以下有变种、型、品系等。按细胞核膜、细胞器及有丝分裂等的有无,微生物可划分为原核微生物和真核微生物两大类。所有细菌都是原核,藻类、真菌、原生动物都是真核。

下面将简述原核微生物和真核微生物的分纲体系。

1. 原核生物界

(1)光能营养原核生物门

①蓝绿光合细菌纲(蓝细菌类)。

②红色光合细菌纲。

③绿色光合细菌纲。

(2)化能营养原核生物门

①细菌纲

②立克次氏体纲。

③柔膜体纲。

④古细菌纲。

2. 真核微生物

真菌划分各级分类单位的基本原则是以形态特征为主,以生理生化、细胞化学和生态等特征为辅。丝状真菌主要根据其孢子产生的方法和孢子本身的特征,以及培养特征来划分各级的分类单位。

(1)真菌分类

①藻状菌纲。菌丝体无分隔,含多个核。有性繁殖形成卵孢子或接合孢子。

②子囊菌纲。菌丝体有分隔,有性阶段形成子囊孢子。

③担子菌纲。菌丝体有分隔,有性阶段形成担孢子。

④半知菌纲。包括一切只发现无性世代而未发现有性阶段的真菌。

(2)粘菌分类

①网粘菌纲。自细胞两端各自伸出长的粘丝并接连形成粘质的网络——假原质团。

②集胞粘菌纲。分泌集胞粘菌素,形成假原质团。

③粘菌纲。形成原质团,腐生性自由生活。

④根肿病菌纲。形成原质团,专性寄生。亦有将之归于真菌类。

微生物的命名采用"双名法"。学名由大写字母开头的属名和小写字母打头的种名组成,属名描述微生物的主要特征,用拉丁词的名词;种名描述微生物的次要特征,用拉丁词的形容词;有时在种名后还附有命名者的姓。

(二)微生物的化学组成

从化学组成上来说,水分占了微生物菌体的大概 80%,其余为蛋白质、碳水化合物、脂肪、核酸、维生素和无机物等化学物质。细菌、酵母和单细胞藻类在蛋白质含量上很相似,约占 50％ 干重,这些蛋白质大多数是酶蛋白。结构更为复杂的真菌和藻类所含有的具有代谢活性的蛋白质及核酸较少,多糖类在全部干重中占有较大比例。脂质在细胞干重中所占分量较小,但它是组成细胞壁和膜所必需的。分析微生物细胞的元素可知,细胞中所含元素以碳、氧、氮和氢的含量最高,其次以磷、钾为多,再次是钙、镁、硫、钠、氯、铁、锌、硅等,另外,还含有微量的铝、铜、锰、钴等。

(三)生长特性

微生物种类繁多,形态各异,营养类型庞杂,但都表现为简单、低等的生命形态。由于微生物种类各异,微生物的生长特性有很大差别。微生物分布广、种类繁多,生长繁殖快、代谢能力强,遗传稳定性差、容易发生变异,个体极小、结构简单。

在正常情况下,异化作用与同化作用相比较小,从而使微生物的细胞数量不断增长,体积不断增加,这个过程就叫作微生物的生长;也指由于微生物细胞成分的增加而导致的微生物个体大小、群体数量或两者的增长。微生物的生长与繁殖是交替进行的。从生长到繁殖这个由量变到质变的过程叫发育。细菌以分裂方式进行繁殖,生长繁殖中,母细胞合成细胞壁与膜,然后分裂成为两个完全相同的子细胞,子细胞与母细胞完全相同。藻类含有丰富的脂肪和蛋白质,在其培养过程中,需要足够的光、必需的无机盐及适量的 CO_2。酵母菌的生长方式有出芽繁殖、裂殖和芽裂三种。原生动物细胞的分裂形式多是沿纵轴一分为二,一个世代时间大约为 10h。真菌的生长特性是菌丝伸长和分枝,从菌丝体的顶端细胞间形成隔膜进行生长,一旦形成一个细胞,它就保持其完整性。病毒是通过复制方式进行繁殖的,病毒能在活细胞内繁殖,但不能在一般培养基中繁殖,病毒感染细胞后,按病毒的遗传特性,合成病毒的核酸和蛋白质,并且以指数方式进行复制。

微生物的生长表现在微生物的个体生长和群体生长水平上。通常对微生物群体生长的研究是通过分析微生物培养物的生长曲线来进行的。细菌的生长繁殖期可细分为 6 个时期:停滞期(适应期)、加速期、对数期、减速期、稳定期及死亡期。由于加速期和减速期历时都很短,可把加速期并入停滞期,把减速期并入稳定期。微生物生长规律的生长曲线由延滞期、对数期、稳定期、死亡期 4 个阶段组成。

(四)影响微生物反应的环境因素

微生物除了需要营养外,还需要温度、pH 值、氧气、渗透压、氧化还原电位、阳光等合适的环境生存因子。如果环境条件不正常,会影响微生物的生命活动,甚至导致变异或死亡。

1. 温度

环境的温度对微生物有很大影响。由于微生物通常是单细胞型生物,它们的温度会随周围环境温度的变化而变化,所以它们对温度的变化特别敏感。在适宜的温度范围内,微生物能大量生长繁殖,温度影响微生物生长的一个决定性因素是微生物酶催化反应对温度的敏感性。在适宜的温度范围内,温度每升高 $10℃$,酶促反应速度将提高 $1\sim2$ 倍,微生物的代谢速率和生长速率均可相应提高。

2. 营养物质

微生物同其他生物一样,为了生存必须从环境中获取各种物质,以合成细胞物质、提供能量及在新陈代谢中起调节作用。这些物质称为营养物质。营养物质分为碳源、氮源、无机元素、微量营养元素或生长因子等。

碳源是构成细胞物质和供给微生物生长发育所需的能量。大多微生物以有机含碳化合物作为碳源和能源。氮源主要是提供合成原生质和细胞其他结构的原料,一般不提供能量。无机元素的主要功能是作为构成细胞的组成成分,作为酶的组成成分,维持酶的作用,调节细胞渗透压、氢离子含量和氧化还原电位等。

3. pH 值

pH 值是溶液的氢离子活性的量度,它与微生物的生命活动、物质代谢有密切关系。不同的微生物要求不同的 pH 值。微生物可在一个很宽的 pH 值范围内生长,从 $pH=1\sim2$ 到 $pH=9\sim10$ 都是微生物能生长的范围。大多数细菌、藻类和原生动物生长的最适 pH 值为 $6.5\sim7.5$,它们的 pH 值适应范围在 $4\sim10$。每种微生物生长都有一定的 pH 值范围和最适 pH 值。尽管微生物通常可在一个较宽的 pH 值范围内生长,并且远离它们的最适 pH 值,但它们对 pH 值变化的耐受性也有一定限度,细胞质中 pH 值的突然变化会损害细胞、抑制酶活性及影响膜运输蛋白的功能,从而对微生物造成损伤。

4.氧化还原电位

氧化还原电+100mV以下时进行无氧呼吸。专性厌氧细菌要求E_h为$-200\sim+250mV$,E_h的单位为V或mV。一般好氧微生物要求的E_h为$+300\sim+400mV$,兼性厌氧微生物在E_h为$+100mV$以上时可进行好氧呼吸,专性厌氧的产甲烷菌对E_h的要求更低,为$-300\sim+400mV$,最适E_h为$-330mV$。氧分压会对氧化还原电位产生影响:氧分压越高,氧化还原电位就越高;氧分压低,氧化还原电位就低。同时,由于在培养微生物的过程中,微生物的生长繁殖需要消耗大量氧气,分解有机物会产生氢气,使氧化还原电位降低,在微生物对数生长期中下降到最低点。

5.溶解氧

能在有氧条件下生长的微生物称为好氧微生物,大多数细菌、放线菌、真菌、原生动物、微型后生动物等都属于好氧微生物。好氧微生物需要的是溶于水的氧,即溶解氧。氧在水中的溶解度与水温、大气压有关。低温时,氧的溶解度大;高温时,氧的溶解度小。好氧微生物需要充足的溶解氧。

能在无氧条件下生长的称为厌氧微生物,厌氧微生物又分为专性厌氧微生物和兼性厌氧微生物。专性厌氧微生物的环境中绝对不能有氧,因为有氧存在时,代谢产生的$NADH_2$和O_2反应会生成H_2O_2和NAD,而专性厌氧微生物不具有过氧化氢酶,它将被生成的过氧化氢杀死。兼性厌氧微生物之所以既能在无氧条件下,又可在有氧条件下生存,是因为它不管是在有氧还是在无氧条件下,都具有脱氢酶和氧化酶。

6.渗透压

任何两种质量浓度的溶液被半渗透膜隔开,均会产生渗透压。溶液的渗透压决定于其质量浓度。溶质的离子或分子数目越多,渗透压越大。在同一质量浓度的溶液中,含小分子溶质的溶液渗透压比含大分子溶质的溶液大。

7.重金属

重金属汞、银、铜、铅及其化合物可有效地杀菌和防腐,它们是蛋白质的沉淀剂。其杀菌机理是与酶的-SH基结合,使酶失去活性;或与菌体蛋白结合,使之变性或沉淀。

(五)微生物反应的特点

微生物常能分泌或诱导分泌有用的生物化学物质,且生长速率快,容易筛选出分泌型突变株,代谢产物的产率较高,可以利用微生物作为工业过程的原料。另外,微生物反应还有其他优点,如通常在常温、常压下进行;原料多为农产品,来源丰富;易于生产复杂的高分子化合物和光学活性物质;除产生产物外,菌体自身也可是一种产物,当其富含维生素、蛋白质或酶等有用产物时,可用于提取这些物质,微生物反应是自催化反应。

同时,微生物反应也有不足之处,如基质副产物的产生不可避免,且产物的获得除受环境因素影响外,也受细胞内因素的影响;微生物菌体会发生遗传变异;生产前的准备工作量大,且花费高,相对于化学反应器而言,反应器效率低;废水一般具有较高 BOD 的值,需进行处理。

二、微生物反应过程的质量和能量衡算

(一)微生物反应过程的质量衡算

微生物反应中参与反应的培养基成分多、反应途径复杂,伴随微生物的生长、产生代谢产物的过程,如果将微生物反应看成是生成多种产物的复合反应,从概念上讲可写成如下形式:

$$碳源＋氮源＋氧＝菌体＋有机产物＋CO_2＋H_2O$$

为了表示出微生物反应过程中各物质和各组分之间的数量关系,最常用的方法是对各元素进行原子衡算。如果碳源由 C、H、O 组成,氮源为 NH_3,细胞的分子式定义为 $CH_xO_yN_z$,那么此时用碳的定量关系式表示微生物反应的计量关系为:

$$CH_mO_n＋aO_2＋bNH_3(cCH_xO_yN_z＋dCH_uO_vN_w)＋eH_2O＋fCO_2 \quad (3\text{-}1)$$

式中:CH_mO_n ——碳源的元素组成;

　　　$CH_xO_yN_z$ ——细胞的元素组成;

　　　$CH_uO_vN_w$ ——产物的元素组成;

　　　m、n、u、v、w、x、y、z ——与一个碳原子相对应的氢、氧、氮的原子数。

(二)微生物反应过程的得率系数

得率系数是对碳源等物质生成细胞或其他产物的潜力进行定量评价的重要

参数。消耗 1g 基质生成细胞的质量(g)称为细胞得率或生长得率 $Y_{x/s}$(cell yield 或 growth yield)。细胞得率的单位是(以细胞/基质计)g/g 或 g/mol。其定义式为:

$$Y_{x/s} = \frac{\text{生成细胞的质量}}{\text{消耗基质的质量}} = \frac{\Delta X}{-\Delta S} \tag{3-2}$$

某一瞬间的细胞得率称为微分细胞得率,定义式为:

$$Y_{x/s} = \frac{dX}{dS} = \frac{r_X}{-r_S} = \left| \frac{\frac{dX}{dt}}{\frac{dS}{dt}} \right| \tag{3-3}$$

式中:r_X —— 微生物细胞的生长速率;

r_S —— 基质的消耗速率。

当基质为碳源,碳源的一部分被同化为细胞的组成成分,其余部分被异化分解为 CO_2 和代谢产物。如果从碳源到菌体的同化作用看,与碳元素相关的细胞得率 Y_C 可由下式表示:

$$Y_C = \frac{\text{细胞生产量×细胞含碳量}}{\text{基质消耗量×基质含碳量}} = Y_{x/s} \frac{X_C}{S_C} \tag{3-4}$$

式中:X_C 和 S_C ——单位质量细胞和单位质量基质中所含碳元素量。

Y_C 值一般小于 1,为 $0.4 \sim 0.9$。

微生物反应的特点是通过呼吸链氧化磷酸化生成 ATP。在氧化过程中,可通过有效电子数来推算碳源的能量。基于有效电子数的细胞得率的定义式为:

$$Y_{ave^-} = \frac{\Delta X}{\text{基质完全燃烧所需氧的物质的量×4ave}^-/\text{mol 氧}} \tag{3-5}$$

式中:ave^- —— 有效电子数。

微生物反应中另一种表示微生物细胞与所释放的热量相关的能量得率 Y_{kj} 值的定式为:

$$Y_{kj} = \frac{\Delta X}{\Delta E} = \frac{\Delta X}{E_a(\text{细胞储存的自由能}) + E_b(\text{分解代谢所释放的自由能})} \tag{3-6}$$

式中:E ——消耗的总能量,包括同化过程,即细胞所保持的能量 E_a 和分解代谢的能量 E_b;

X ——细胞生产量。

(三)微生物反应中的能量衡算

微生物反应释放的热量储存于碳源中,供微生物的生长、代谢之需,其余的能量作为热量被排放。微生物反应中的反应热,也称代谢热,图 3-1 所示为同化代谢和分解代谢与产生热量之间的关系。

能量可以从呼吸和发酵过程中获得,葡萄糖作为营养源,其完全燃烧时:·

$$C_6H_{12}O_6 + 6O_2 \rightarrow 6CO_2 + 6H_2O + 2871kJ \tag{3-7}$$

如果代谢产物分别为乙醇和乳酸,它们的燃烧热分别为:

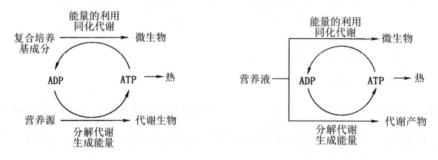

(a)复合培养基   (b)基本培养基

图 3-1   同化代谢和分解代谢与产生热量之间的关系

$$C_2H_5OH + 3O_2 \rightarrow 2CO_2 + 3H_2O + 1368kJ \tag{3-8}$$

$$CH_2CHOHCOOH + 3O_2 \rightarrow 3CO_2 + 3H_2O + 1337kJ \tag{3-9}$$

利用 Y_{kj} 表示微生物反应过程中有多少能量用于细胞的合成,有:

$$Y_{kj} = \frac{\Delta X}{(-\Delta H_a)(\Delta X) + (-\Delta H_c)} \tag{3-10}$$

$$-\Delta H_c = (-\Delta H_S)(-\Delta S) - \sum(-\Delta H_P)(\Delta P) \tag{3-11}$$

式中:ΔH_a——以细胞 X 的燃烧热为基准的焓变,其因菌体的不同有所不同,一般取值 $\Delta H_a = -22.15kJ$;

ΔH_c——所消耗基质的焓变与代谢产物的焓变之差;

ΔH_S——碳源氧化的焓变(kJ/mol);

ΔH_P——产物氧化的焓变(kJ/mol)。

这样,式(3-10)可写为:

$$Y_{kj} = \frac{\Delta X}{(-\Delta H_a)(\Delta X) + (-\Delta H_S)(-\Delta S) - \sum(-\Delta H_P)(\Delta P)} =$$

$$\frac{Y_{X/S}}{(-\Delta H_a)Y_{X/S}+(-\Delta H_S)-\sum(-\Delta H_P)Y_{P/S}} \tag{3-12}$$

三、微生物反应动力学

微生物反应体系的动力学描述宜采用群体表示,群体变化过程分为生长、繁殖、维持、死亡,溶胞,能动性、形态变化及物理的群体变化等过程。群体中新个体生物的产生称为繁殖,对于单细胞微生物而言,繁殖主要通过无性方式进行。生长和繁殖是相互关联的,但这种连接有时并不牢固。微生物反应是几种过程的综合表现,可以简化为微生物消耗基质,获得细胞的同时获得代谢产物。实际上,由于微生物细胞内部生物代谢与基因调节的复杂性,还难以建立起包含内部影响因素的动力学方程式。

(一)生长速率

微生物生长速率是群体生物量的生产速率,并不是群体生物量的变化速率。微生物生长中存在着细胞大小的分布。由于单细胞的生长速率与细胞的大小直接相关,因此也存在着生长速率分布。下面所讨论的微生物群体的生长速率,是指具有这种群体分布的平均值。

平衡生长条件下,微生物细胞的生长速率 r_X 的定义式为:

$$r_X=\frac{dX}{dt}=\mu X \tag{3-13}$$

式中:X ——微生物细胞的物质的量浓度;

μ —— 微生物的生长速率。

由式(3-13)可知,μ 与倍增时间 t_d 的关系为:

$$\mu=\frac{\ln2}{t_d}=\frac{0.693}{t_d} \tag{3-14}$$

(二)生长的非结构模型

微生物生理学学者和生物化学工程学的工程师提出了许多关于微生物生长动力学的数学模型。他们认识到群体的生长改变了群体所处的环境,反之,群体所处的环境又促进群体的生长速率发生变化。这些生长模型可分为确定论的非结构模型、确定论的结构模型、概率论的非结构模型、概率论的结构模型。

在确定论模型的基础上,不考虑细胞内部结构的不同,在这种理想状况下建立起的动力学模型称为非结构模型。由于细胞的组成是复杂的,当微生物细胞内部所含有蛋白质、脂肪、碳水化合物、核酸、维生素等的含量随环境条件的变化而变化时,建立起的动力学模型就称为结构模型。

目前,常使用的确定论的非结构模型是 Monod 方程:

$$\mu = \frac{\mu_{max} S}{K_S + S} \tag{3-15}$$

式中:μ_{max} —— 微生物的最大比生长速率;

K_S —— 饱和常数,代表当微生物的 μ 等于 μ_{max} 半时的底物物质的量浓度。

Monod 方程是一个经验性方程,μ 仅取决于限制性基质的物质的量浓度,此时,微生物生长速率随着限制性基质的物质的量浓度的变化而呈抛物线变化。

(三)基质消耗动力学

以菌体得率为媒介,可确定基质的消耗速率与生长速率的关系。基质的消耗速率 r_S 可表示为:

$$-r_S = \frac{dS}{dt} = \frac{r_X}{Y_{X/S}} \tag{3-16}$$

基质的消耗速率被菌体量除,称为基质的比消耗速率,以希腊字母 γ 来表示,即:

$$\gamma = \frac{r_S}{X} \tag{3-17}$$

根据式(3-13)~式(3-15),有:

$$-\gamma = \frac{\mu}{Y_{X/S}} \tag{3-18}$$

μ 由 Monod 方程表示时,式(3-18)变形为:

$$-\gamma = \frac{\mu_{max}}{Y_{X/S}} \frac{S}{K_S + S} = (-\gamma_{max}) \frac{S}{K_S + S} \tag{3-19}$$

当基质既作为能源又作为碳源时,就应考虑维持代谢所消耗的能量。此时:

$$-\gamma_S = \frac{r_X}{Y_G} = mX \tag{3-20}$$

式中：Y_G —— 无维持代谢时的最大细胞得率；

$\quad m$ —— 细胞的维持系数。

式(3-20)两边同除以 X，则：

$$-\gamma = \frac{\mu}{Y_G} + m \qquad (3\text{-}21)$$

式(3-21)可作为连接 γ 和 μ 的关联式，也可看成是含有两个参数的线型模型。进一步讨论式(3-21)，对 μ 的依赖关系可一般化为：

$$-\gamma = g(\mu) \qquad (3\text{-}22)$$

由于 μ 是 S 的函数，因而 γ 也是 S 的函数。式(3-22)也间接表明了 γ 对环境的依赖关系。

氧是微生物细胞的成分之一，同时，也是一种基质，氧的消耗速率与生长速率有如下关系：

$$r_{O_2} = \frac{\mathrm{d}c}{\mathrm{d}t} = \frac{r_X}{Y_{X/O}} \qquad (3\text{-}23)$$

式中：c —— 溶解氧物质的量浓度。

(四)代谢产物的生成动力学

微生物生产代谢的产物种类有很多，并且微生物细胞内的生物合成途径与代谢调节机制各有特色。与生长速率和基质消耗速率相同，当以体积为基准时，称为代谢产物的生成速率，记为 r_p，当以单位质量为基准时，称为产物的比生成速率，记为 π_0，相关式为：

$$r_p = \frac{\mathrm{d}P}{\mathrm{d}t} = Y_{P/X}\frac{\mathrm{d}X}{\mathrm{d}t} = -Y_{P/S}\frac{\mathrm{d}S}{\mathrm{d}t} \qquad (3\text{-}24)$$

$$\pi = \frac{1}{X} \cdot \frac{\mathrm{d}P}{\mathrm{d}t} = Y_{P/X}\mu = -Y_{P/S}\gamma \qquad (3\text{-}25)$$

生物反应器的设计中，常使用到 r_p，但是，在 S→P 的转化过程中，当微生物作为催化剂使用时，用 π 更为合理些。可以认为 π 表达了细胞在 S→P 的转化过程中的转化活性。甘丹根据产物生成速率与细胞生成速率之间的关系，将其分成相关模型、部分相关模型、非相关模型三种。产物的生成与细胞的生长无直接关系。在微生物生长阶段，无产物积累；当细胞停止生长，产物却大量生成。一般来说，CO_2 不是目的代谢产物，但是，微生物反应中一般都会产生 CO_2。

第三节 微生物反应器操作

一、微生物反应器操作基础

微生物培养过程根据是否要求供氧,分为厌氧培养和好氧培养。前者主要采用不通氧的深层培养;后者可采用这三种方法:①液体表面培养;②通风固态发酵;③通氧深层培养。

就操作方式而言,深层培养可分为:①分批式操作;②反复分批式操作;③半分批式操作;④反复半分批式操作;⑤连续式操作。

分批式操作是指基质一次性加入反应器内,在适宜条件下将微生物菌种接入,反应完成后将全部反应物料取出的操作方式。反复分批式操作是指分批式操作完成后,不全部取出反应物料,剩余部分重新加入一定量的基质,再按照分批式操作方式,反复进行。半分批式操作是指先将一定量基质加入反应器内,将微生物菌种接入反应器中,反应开始,反应过程中将特定的限制性基质按照一定要求加入反应器内。反复半分批式操作是指流加操作完成后,不全部取出反应物料,剩余部分重新加入一定量的基质,再按照流加操作方式,反复进行。连续式操作是指在分批式操作进行到一定阶段时,一方面将基质连续不断地加入反应器内,另一方面又把反应物料连续不断地取出,使反应条件不随时间变化的操作方式。

二、分批式操作

分批式操作是发酵工业中广泛采用的方法,其操作过程中微生物所处的环境是不断变化的,发生杂菌污染能够很容易地中止操作,对原料组成的要求较粗放,易改变处理控制方法。

(一)生长曲线

分批式培养过程中,微生物的生长可分为:迟缓期、对数生长期、减速期、静止期和衰退期,如图 3-2 所示。

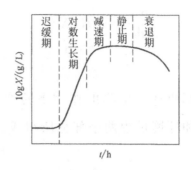

图 3-2　分批式培养的微生物生长曲线

细菌的迟缓期是其分裂繁殖前的准备时期,细胞内某种活性物质未能达到细菌分裂所需的最低物质的量浓度。当准备工作结束,细胞便开始迅速繁殖,进入对数生长期。此时,μ 值一定,有:

$$\mu = \frac{1}{X} \cdot \frac{\mathrm{d}X}{\mathrm{d}t} \text{ 或 } \frac{\mathrm{d}X}{\mathrm{d}t} = \mu X \tag{3-26}$$

$t = t_{\mathrm{lag}}$ 时,令 $X = X_0$,积分上式,有:

$$\ln\left(\frac{X}{X_0}\right) = \mu(t - t_{\mathrm{lag}}) \text{ 或 } X = X_0 \exp\left[\mu(t - t_{\mathrm{lag}})\right] \tag{3-27}$$

式中:t ——时间;

t_{lag} ——迟缓期所需时间;

X_0 ——初始菌体含量。

从减速期到达静止期的原因有营养物质不足、氧的供应不足、抑制物的积累、生物的生长空间不够等。若假定直至静止期特定基质 A 的消耗速率 $\mathrm{d}S_A/\mathrm{d}t$ 与反应系统中活菌体含量 X 成正比,则:

$$\frac{\mathrm{d}S_A}{\mathrm{d}t} = -K_A X \tag{3-28}$$

式中:K_A ——比例系数。

进入衰退期后,细胞缺乏能量储藏物质以及细胞内各种水解酶的作用,引起细胞自身的消化,使细胞死亡。Monod 方程应改写为:

$$\mu = \frac{\mu_{\max} S}{K_S + S} - K_d \tag{3-29}$$

式中:K_d ——微生物细胞死亡速率常数。

在衰退期,由于底物已全部耗尽,因此:

$$\frac{dX}{dt} = -K_d X \qquad (3-30)$$

（二）状态方程式

微生物培养过程是指基质在微生物的作用下转变为产物的过程，这一物质转换过程由生物代谢过程和环境过程两个部分所组成。分批式培养过程的状态方程式可表示为：

基质 $$\frac{dS}{dt} = -\gamma X \qquad (3-31)$$

菌体 $$\frac{dX}{dt} = \mu X \qquad (3-32)$$

产物 $$\frac{dP}{dt} = \pi X \qquad (3-33)$$

$$O_2 \quad Q_{O_2} X = \frac{F}{V}\left[\frac{(P_{O_2})_{in}}{p_{all} - (P_{O_2})_{in} - (P_{CO_2})_{in}} - \frac{(P_{O_2})_{out}}{p_{all} - (P_{O_2})_{out} - (P_{CO_2})_{out}}\right]$$

$$(3-34)$$

$$CO_2 \quad Q_{CO_2} X = \frac{F}{V}\left[\frac{(P_{CO_2})_{out}}{p_{all} - (P_{O_2})_{out} - (P_{CO_2})_{out}} - \frac{(P_{O_2})_{in}}{p_{all} - (P_{O_2})_{in} - (P_{CO_2})_{in}}\right]$$

$$(3-35)$$

式中：γ —— 基质的比消耗速率；

Q_{O_2} —— 氧的比呼吸速率；

μ —— 比生长速率；

π —— 产物的比生成速率；

Q_{CO_2} —— CO_2 比生成速率；

P —— 代谢产物的物质的量浓度；

X —— 菌体含量；

S —— 底物物质的量浓度；

F —— 惰性气体流速；

V —— 反应液总容积；

p_{all} —— 气体总压力；

$(P_{O_2})_{out}$ —— 排气中氧的分压；

$(P_{O_2})_{in}$ —— 进气体中氧的分压；

$(P_{CO_2})_{in}$ —— 进气体中 CO_2 的分压；

$(P_{CO_2})_{out}$ —— 排气中 CO_2 的分压。

微生物的最适温度、最适 pH 值的范围较窄。分批培养过程中的动态特性取决于基质与微生物含量浓度及微生物反应的诸比速率的初始值，因此，支配分批式培养的主要因素是基质与微生物的含量浓度的初始值。分批式微生物反应分析过程中，需观察 X、S 和 P 等随时间变化的情况。

三、流加操作

与分批操作不同，流加操作能够控制反应液中基质物质的量浓度。操作的要点是控制基质物质的量浓度，因此，其核心问题是流加什么和怎么流加。从流加方式看，流加操作可分为无反馈控制的流加操作与反馈控制的流加操作。

（一）无反馈控制的流加操作

采用无反馈控制的流加操作时，表达系统的数学模型是否正确成为反应成败的关键。最简单的微生物的生长速率为：

$$\frac{d(VX)}{dt} = \mu VX \tag{3-36}$$

作为流加基质的平衡式，有：

$$\frac{d(VX)}{dt} = FS_{in} - \frac{1}{Y_{X/S}} \cdot \frac{d(VX)}{dt} - mVX \tag{3-37}$$

培养液体积变化的方程式为：

$$\frac{dV}{dt} = F - K_{vap} \tag{3-38}$$

式中：K_{vap} —— 单位时间内由于通气，随排出气体而失去的水分。

通过采用随时间呈指数性变化的方式流加基质，维持微生物菌体对数生长的操作方法称为指数流加操作。由 Monod 方程可获得 $S =$ 常数。此时，由于 $dX/dt = 0$，结合前述的拟稳定状态条件，有如下方程式：

$$\mu = \frac{F}{V} = \frac{1}{V} \cdot \frac{dV}{dt} \tag{3-39}$$

培养液体积为：

$$V = V_0 \exp(\mu t) \tag{3-40}$$

基于上式,菌体量为：

$$XV = X_0 V_0 \exp(\mu t) \tag{3-41}$$

流量为：

$$F = F_0 \exp(\mu t) \tag{3-42}$$

从以上结果可知,采用这种操作方式,不仅能保证微生物呈指数生长,而且能保持基质物质的量浓度一定。

(二)有反馈控制的流加操作

反馈控制的流加操作可分为间接(如 pH 值、DO、Q_{CO_2} 等)和直接(连续或间断地测定培养液中流加的底物物质的量浓度,以此作为控制指标)两类。另外,根据流加底物物质的量浓度的情况,可分为保持一定物质的量浓度值和物质的量浓度随时间变化这两类控制方法。

四、连续式操作

连续式操作有两大类型,即 CSTR (Continuous Strred Tank Reactor)型和 CPFR (Continuous Plug Flow Tulular Reaclor)型。CSTR 型连续式操作根据达成稳定状态的方法不同,可分为恒化器、恒浊器、营养物恒定法三种。

(一)恒化器法连续式操作

恒化器法是指在连续培养过程中,基质流加速度恒定,以调节微生物细胞的生长速率与恒定流量相适应的方法。

单级 CSTR 培养系统中,流入液中仅一种成分为微生物生长的限制性因子,其他成分在不发生抑制的条件下充分存在。培养过程中,菌体、限制性基质及产物的物料衡算式为：

$$变化量=流入量+生成量-流出量$$

由于流入液中菌体与产物的含量为零,因此,上述衡算式写成数学表达式为：

微生物菌体
$$V \frac{dX}{dt} = V \mu X - FX \tag{3-43}$$

基质
$$V\frac{\mathrm{d}S}{\mathrm{d}t}=F(S_{\mathrm{in}}-S)-V\gamma X \tag{3-44}$$

产物
$$V\frac{\mathrm{d}P}{\mathrm{d}t}=V\pi X-FP \tag{3-45}$$

式中：F ——培养液流入与流出速度（L/h）；

　　V ——反应器内培养液的体积（L）；

　　S_{in}——流入液中限制性底物的物质的量浓度（mol/L）；

　　S ——反应器内和流出液中限制性底物物质的量浓度（mol/L）。

上述三式两边同除以 V，则：

$$\frac{\mathrm{d}X}{\mathrm{d}t}=\mu X-DX \tag{3-46}$$

$$\frac{\mathrm{d}S}{\mathrm{d}t}=D(S_{\mathrm{in}}-S)-\gamma X \tag{3-47}$$

$$\frac{\mathrm{d}P}{\mathrm{d}t}=\pi X-DP \tag{3-48}$$

式中：D——稀释率（dilution rate），$D=F/V$。

当菌体与产物得率一定，以上三式表明培养过程中的各变量与比生长速率相关。稳定状态下，公式为：

$$\frac{\mathrm{d}X}{\mathrm{d}t}=\frac{\mathrm{d}S}{\mathrm{d}t}=\frac{\mathrm{d}P}{\mathrm{d}t}=0 \tag{3-49}$$

此时的菌体含量、基质物质的量浓度和代谢产物物质的量浓度可分别表示为：

$$\bar{X}=Y_{\mathrm{X/S}}\left(S_{\mathrm{in}}-\frac{K_{\mathrm{s}}D}{\mu_{\max}-D}\right) \tag{3-50}$$

$$\bar{S}=\frac{K_{\mathrm{s}}D}{\mu_{\max}-D} \tag{3-51}$$

$$[\bar{P}]=Y_{\mathrm{X/S}}\left(S_{\mathrm{in}}-\frac{K_{\mathrm{s}}D}{\mu_{\max}-D}\right) \tag{3-52}$$

这些式子分别表明了稀释率与各物质物质的量浓度之间的关系。

有时为了增加反应器内的菌体含量，对单级连续培养可以将反应器排出液中的部分微生物重新返回反应器中，如图 3-3 所示。

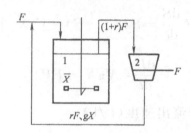

图 3-3　具有反馈的单级连续培养系统

图 3-3 中，g 为微生物的浓缩系数(大于 1)，r 为再循环反应液的比例。稳定状态时，菌体的物料衡算式为：

$$\mu + rDg - (1+r)D = 0 \tag{3-53}$$

由上式求得稀释率为：

$$D = \frac{\mu}{1 + r(1-g)} \tag{3-54}$$

具有反馈的单级或多级连续培养中，稳态下的稀释率都高于比生长速率。这与常规单级连续培养不同。前者流入反应器的培养液体积要相对多一些。这一方法在生物法废水处理过程之一的活性污泥法中被普遍采用，因为其有利于提高除污能力。

对具有反馈的单级系统来讲，还要考虑排出反应液中菌体的含量。菌体分离装置处的菌体衡算式为：

$$(1+r)F\overline{X} = FX' + rFg\overline{X} \tag{3-55}$$

所以，从菌体分离装置处流出的菌体含量为：

$$X' = (1 + r - rg)\overline{X} = [1 + r(1-g)]\overline{X} \tag{3-56}$$

所以：

$$DX' = \frac{\mu}{1 + r(1-g)}\overline{X}[1 + r(1-g)] = \mu\overline{X} \tag{3-57}$$

即菌体产率等于比生长速率与 X 的乘积。

(二)恒浊器法连续式操作

恒浊器法是指预先规定细胞含量，通过基质流量控制，以适应细胞的既定含量的方法。恒浊器法连续式操作在比 μ_{max} 低得多的范围内进行，操作是不稳定的。此时，为保证连续稳定操作，X 应保持一定，需对 F 进行反馈控制。

(三)固定化微生物反应器的连续操作

固定化微生物反应不受操作上的"冲出"现象所制约,流加基质的流量范围可适当增大。固定化微生物能够在一定程度上避免悬浮微生物连续反应中最为危险的杂菌污染问题,且单细胞悬浮微生物的反应速率几乎不受物质传递的影响,但固定化微生物的反应速率却较强地受到物质传递的影响。固定化微生物的连续反应中,杂菌或固定于载体内部,或呈膜状固定在载体表面,或自由悬浮于反应液中。

(四)连续培养中的杂菌污染与菌种变异

连续培养中的杂菌污染与菌种变异非常容易,培养的周期长,菌种变异的可能性就大。另外,由于营养成分不断流入反应器中,因此也增加了杂菌污染的概率。减少杂菌污染的途径之一是控制环境条件,使用高温菌可保证不受常温菌的污染。筛选某些耐特殊条件的菌种也有助于防止杂菌的污染。连续培养的目的是微生物能够选择有利的生长环境,提高竞争优势,从而减少杂菌污染的机会。另外,连续培养过程中的菌种变异问题也是不可轻视的。DNA 的复制是一种复杂而精确的过程,虽然出现差错的概率仅为 $1/10^6$,但因每毫升反应液中往往有 10^9 个细胞,所以变异问题显得很重要。

第四章

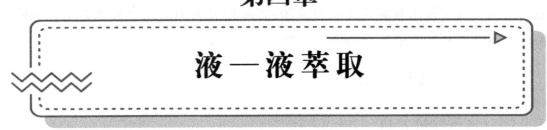

液—液萃取

第一节　概述

一、液—液萃取过程

萃取操作的基本过程如图 4-1 所示。将一定量溶剂加入被分离的原料液 F 中,所选溶剂称为萃取剂 S,原料液中被分离的组分(溶质)A 在 S 中的溶解能力越大越好,而 S 与原溶剂(或称稀释剂)B 的相互溶解度越小越好。然后加以搅拌使原料液 F 与萃取剂 S 充分混合,溶质 A 通过相界面由原料液向萃取剂中扩散,因此萃取操作也属于两相间的传质过程。搅拌停止后,将混合液注入澄清槽,两液相因密度不同而分层:一层以萃取剂 S 为主,并溶有较多的溶质 A,称为萃取相 E;另一层以原溶剂(稀释剂)B 为主,且含有未被萃取完全的溶质 A,称为萃余相 R。若萃取剂 S 和原溶剂 B 为部分互溶,则萃取相中还含有少量的 B,萃余相中也含有少量的 S。

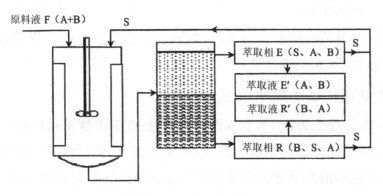

图 4-1　萃取操作

由以上可知,萃取操作并没有得到纯净的组分,而是得到新的混合液:萃取相 E 和萃余相 R。为了得到产品 A,并回收溶剂以供循环使用,需对这两相分别进行分离。通常采用蒸馏或蒸发的方法,有时也可采用结晶等其他方法。脱除溶剂后的萃取相和萃余相分别称为萃取液 E' 和萃余液 R'。

二、萃取操作的应用

(一)技术经济分析

萃取和蒸馏都是分离均相液体混合物的单元操作,但萃取操作要比蒸馏操作复杂得多,且大多数情况下没有蒸馏操作经济,有时萃取剂脱除不完全会导致产品成分增加,使萃取操作的应用受到较大限制。通常,用蒸馏操作分离效果较好时,一般不采用萃取操作,但在遇到下列情况时,采用萃取方法比蒸馏操作更为经济合理。

①原料液中各组分的沸点非常接近,即组分间的相对挥发度接近 1,或在蒸馏时形成恒沸物,若采用蒸馏方法很不经济或不能分离。

②液相混合物中欲分离的重组分浓度很低,或沸点高,采用蒸馏操作不经济。

③原料液中溶质 A 的浓度很稀且为难挥发组分,若采用蒸馏方法须将大量稀释剂汽化,能耗较大,这时可选用萃取操作。首先将 A 富集在萃取相中,然后对萃取相进行蒸馏,使耗热量显著下降。

④原料液中需分离的组分是热敏性物质,蒸馏时易于分解、聚合或发生其他变化。

⑤提取稀溶液中有价值的组分,或分离极难分离的金属,如稀有元素的提取、钽-铌、钴-镍等的分离。

⑥用萃取法分离液体混合物时,混合液中的溶质既可以是挥发性物质,也可以是非挥发性物质(如无机盐类)。

(二)萃取在环境工程中的应用

近年来,由于能源短缺,萃取操作在生产上的应用越来越广泛,如多种金属物质的分离、核工业原料的制取,尤其在环境治理方面有着广泛的应用。

随着工业技术的发展和人们环境保护意识的提高,对各种工业废弃物的处理更为重要。鉴于萃取在稀溶液中溶质回收方面具有优势,萃取操作在废水处理方面的应用越来越广泛。溶剂萃取处理废水的另一潜在优势是可以回收有价物料或使物料再循环。随着我国可持续发展战略的实施,工业生产废水尤其是难降解有机废水的处理要求日益严格,萃取技术以其独特的优势,将在难降解有机废水的处理过程中发挥出越来越重要的作用。

1. 在废水处理方面的应用

焦化厂、炼油厂、制药厂、石油化工厂、染料厂、农药厂等化工厂在其生产过程中均会产生各类含酚废水。工业含酚废水由于来源广、数量多、危害大,造成了严重的环境污染,有害于人类健康及生物的生长繁殖,并且会影响经济的可持续性发展。为了处理含酚废水,常以苯为萃取剂进行萃取分离,主要是利用苯酚在苯中溶解度大于在水中溶解度的特性,使废水中的苯酚转入苯中。

2. 在废气处理方面的应用

二噁英是一种危害人体神经系统的多环化合物,一般存在于焚烧飞灰中,在超临界水中二噁英几乎可以 100% 分解。

各种有害的挥发性有机化合物如丙酮、甲苯、二甲苯、甲醛等,采用萃取吸收新技术,具有选择性好、吸收效率高、损失小、对环境不产生第二次污染、可循环使用等显著特点。

3. 在固体废物处理方面的应用

采用超临界流体萃取技术,可有效地降解高分子材料,如聚乙烯、聚氯乙烯、聚丙烯、尼龙—66 等。如将聚乙烯废塑料与超临界水混合,加热到 400℃,在超临界状态下,可以在 3h 内将聚乙烯废塑料降解成油。

利用萃取技术,选择合适的萃取剂还可以将被污染的土壤中的重金属元素分离出来。

总之,在环保方面,萃取技术的应用具有很大的潜力,可以和汽提及生物降解等方法结合起来解决很多环保问题;还可以处理含有固体颗粒、油污或腐蚀性的物料,不易产生吸附和膜分离技术中常有的堵塞问题;也适用于流量和浓度变化范围很大的情况。随着环保要求的日益提高,萃取的应用将会变得更加广泛。

三、两相接触方式

萃取操作按照原料液与萃取剂的接触方式,可分为级式接触萃取和连续接触式萃取两类。

(一)级式接触萃取

级式接触萃取多采用混合澄清器。根据原料液与萃取剂的接触次数,分为单级接触萃取操作和多级接触萃取操作。

单级接触萃取流程如图 4-1 所示,操作过程可以连续,也可以间歇。间歇操作时,单级萃取操作所得的萃余相中往往还含有部分溶质,为了进一步提取溶质,可采用多级接触萃取操作流程。

多级接触萃取操作,即将多个单级接触萃取设备串联起来,可分为多级错流接触萃取和多级逆流接触萃取。

多级错流接触萃取流程如图 4 2 所示。多级错流接触萃取操作中,原料液从第 1 级加入,每级都加入新鲜溶剂,前一级的萃余相为后一级的原料,从最后一级出来的萃余相中的溶质 A 应降到规定的要求。萃余相 R 进入溶剂回收装置,得萃余液 R'。各级所得的萃取相分别排出后汇集在一起,进入溶剂回收设备,得萃取液 E'。这种操作方式的传质推动力较大,只要级数足够多,最终可得到溶质组成很低的萃余相,但溶剂的用量很多。这一流程既可用于间歇操作,也可用于连续操作。

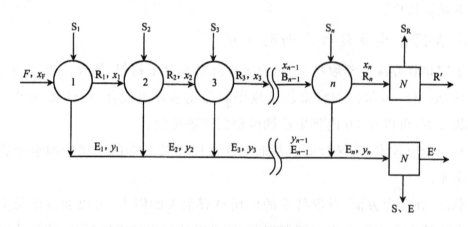

图 4-2 多级错流接触萃取流程

多级逆流接触萃取操作一般是连续的,分离效率高,溶剂用量少,故在工业中得到广泛应用。图 4-3 为多级逆流萃取操作流程示意图。原料液自第 1 级加入,逐次通过第 2、3、⋯、n 各级,得萃余相 R。萃取剂(或循环溶剂)从第 n 级加入,依次通过第 $n-1$、⋯、2、1 级,得萃取相 E。萃取剂一般是循环使用的,其中常含有少量的组分 A 和 B,故最终萃余相中可达到溶质最低组成的受溶剂中的溶质组成限制,最终萃取相中溶质的最高组成受原料液中溶质组成的制约。

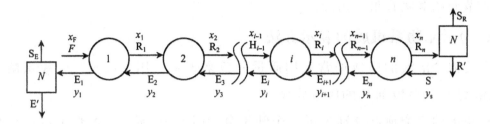

图 4-3　多级逆流接触萃取操作流程

(二)连续接触式萃取

　　连续接触式的逆流萃取过程通常在塔设备内进行,如图 4-4 所示。原料液与萃取剂中密度较大者(称为重相)自塔顶加入,密度较小者(称为轻相)自塔底加入,选择两液相之一作为分散相,以扩大两相的接触面积。分散的液滴在上浮或沉降过程中与连续相呈逆流接触,液滴在运动过程中不断地破碎、集聚,从而增大两相间的传质系数和相界面积,同时发生传质过程。最后,轻、重两相分离,并分别从塔顶和塔底排出,得萃取相和萃余相。

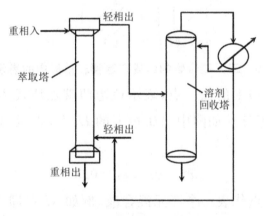

图 4-4　连续接触式萃取流程

第二节　三元体系的液—液相平衡

一、三角形相图

　　三角形相图可采用等边三角形、等腰直角三角形或不等腰直角三角形。其中等腰直角三角形作图最为方便,用一般的坐标纸即可,故较其他三角形更为常用。本节介绍等腰直角三角形。

(一)三元物系组成的表示方法

三元混合溶液的组成通常采用质量分数来表示。用 x_A、x_B、x_S 表示溶质 A、原溶剂 B 和萃取剂 S 的质量分数。

三角形的三个顶点分别表示三个纯组分,如图 4-5 所示。习惯上以三角形上方顶点 A 表示纯溶质,三角形左下方顶点 B 表示纯原溶剂,右下方顶点表示纯萃取剂 S,各顶点的组成分别为:

$$x_A=1.0, x_B=1.0, x_S=1.0$$

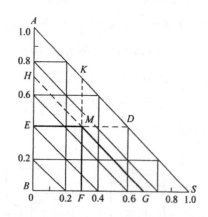

图 4-5 三元混合物的组成在等腰三角形中的表示法

三角形中任一条边上的任一点,表示该边两端点所代表的组分所组成的二元混合液,不含第三组分。如图中 AB 边上的 H 点,表示 A、B 二元混合物,其组成分别是:

$$x_A=0.7, x_B=0.3$$

三角形内的任意点代表一个三元混合液,例如 M 点即表示由 A、B、S 三个组分组成的混合物。其组成可按如下方法确定:过 M 点分别作三个边的平行线 ED、HG、KF,ED 线为其对应顶点 A 所代表组分 A 的等组成线,同理,HG 线、KF 线分别为组分 B 和 S 的等组成线。故可由图上读出 M 点的组成为:

$$x_A=0.4, x_B=0.3, x_S=0.3$$

$$x_A+x_B+x_S=0.4+0.3+0.3=1.0$$

三个组分的质量分数之和等于1,符合归一条件。

此外,也可过 M 点分别作 AB 边和 BS 边的垂线 ME 和 MF,由 E 点读出

$x_A=0.4$，由 F 点读出 $x_S=0.3$，然后由归一条件求得：

$$x_B=1-x_A-x_S=0.3$$

若在萃取计算中，当溶质含量很低，或相图中各线较密集时，可将一边（常将 AB 边）的刻度放大，采用不等腰直角三角形，以提高图示的准确度。

（二）杠杆规则

在萃取操作时，经常需要确定平衡各相之间的相对数量，需要运用杠杆规则。

如图 4-6 所示，设质量为 R（kg）的混合液 R 和质量为 E（kg）的混合液 E 相混合，得到一个总质量为 M（kg）的新混合液 M。M 点称为 R 点和 E 点的和点，R 点与 E 点称为差点。各混合液的组成均可在三角形坐标图上读出。

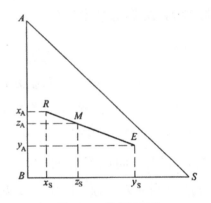

图 4-6　杠杆规则

新混合液 M 与两混合液 R、E 之间的关系可用杠杆规则表示。

代表新混合液组成的 M 点必落在 RE 直线上，即差点与和点在同一直线上，新混合液的总质量为：

$$M=R+E \tag{4-1}$$

同理，若从混合液 M 中移出混合液 E，则余下的混合液 R 的组成点必位于 EM 的延长线上，其质量关系满足：

$$R=M-E \tag{4-2}$$

混合液 E 与混合液 R 质量之比等于线段 MR 与 ME 的长度之比，即：

$$\frac{E}{R}=\frac{MR}{ME} \tag{4-3}$$

根据杠杆规则，可方便地在三角形坐标图上定出混合液 M 点的位置，并可从图上确定混合液的组成。即使两个混合液不互溶，M 点的坐标仍可代表其总组成。

二、部分互溶物系的相平衡

根据萃取操作中各组分的互溶性,可将三元物系分为以下三种情况:

①溶质 A 可完全溶于 B 及 S,但 B 与 S 不互溶。

②溶质 A 可完全溶于 B 及 S,但 B 与 S 为部分互溶。

③溶质 A 可完全溶于 B,但 A 与 S、B 与 S 为部分互溶。

其中,③类物系会给萃取操作带来诸多不便,应尽量避免;①类物系较少见,属于理想情况;②类物系在萃取操作中应用较为普遍,故以下主要讨论这类物系的相平衡关系。

(一)溶解度曲线、联结线和临界混溶点

1.溶解度曲线

设原溶剂 B 与萃取剂 S 为部分互溶,在一定温度下,将 B 和 S 以适当比例混合,其和点由 M 点表示。经过充分的接触和静置后,便得到两个互为平衡的液相,其组成如图 4-7 中的 E_0 点和 R_0 点所示。这两个互为平衡的液相称为共轭相,其相应的组成称为共轭组成。向此混合液中加入少量 A 并充分混合,使之达到新的平衡,静置后分层得到一对共轭相,其组成点为 E_1 和 R_1。然后继续加入溶质 A,重复上述操作,即可得到若干对共轭相的组成点 E_i 和 R_i,直至加入 A 的量使混合液恰好由两相变为一相,其组成点由 P 表示。再加入 A,混合液保持单一液相状态。P 点称为临界混溶点。将代表各平衡液相组成的点连接起来,便得到实验温度下该三元物系的溶解度曲线。

溶解度曲线将三角形分为两个区域。曲线以内的区域为两相区,只要三元物系的组成点落在此区域内,混合液就分成两个液相。曲线以外的区域为均相区(或称单相区),在此区域内混合液为一均匀的液相。显然,萃取操作只能在两相区内进行。

若组分 B 与组分 S 完全不互溶,则点 R_0 与 E_0 分别与三角形顶点 B 及顶点 S 相重合。

2.联结线

连接两共轭相组成点的直线称为联结线。同一物系的联结线的倾斜方向一

般相同,但随溶质组成的变化,联结线的斜率各不相同,因而各联结线互不平行。也有少数物系联结线的倾斜方向不同,如吡啶(A)-氯苯(B)-水(S)系统。

3. 临界混溶点

临界混溶点 P 所代表的平衡液相无共轭相,相当于这一系统的临界状态。临界混溶点一般不在溶解度曲线的顶点,它将溶解度曲线分为左右两部分。左侧是萃余相,右侧是萃取相。

溶解度曲线、联结线和临界混溶点均由实验测得,常见物系的共轭组成实验数据可在有关书籍及手册中查得。

(二)辅助曲线

用实验方法获得的共轭相组成及绘制的联结线数目是有限的。在计算中,当需要确定任一已知平衡液相的共轭相的数据时,常借助辅助曲线。辅助曲线的作法如图 4-8 所示,通过已知点 R_1、R_2 等分别作 BS 边的平行线,再通过相应联结线的另一端点 E_1、E_2 等分别作 AB 边的平行线,各线分别相交于点 F、G 等,连接这些交点得到的曲线即为辅助曲线。辅助曲线与溶解度曲线的交点 P 为用作图法获得的临界混溶点。临界混溶点由实验测得,只有当已知的联结线很短,即共轭相接近临界混溶点时,才可用外延辅助线的方法确定临界混溶点。

利用辅助曲线可求任一已知平衡液相的共轭相,设 R 为已知平衡液相,用图解内插法可求出其共轭相 E 的液相组成。具体方法如下:过点 R 作 BS 边的平行线,交辅助曲线于点 J,再过点 J 作 AB 边的平行线,交溶解度曲线于 E 点,则 E 点即为 R 的共轭相组成点。

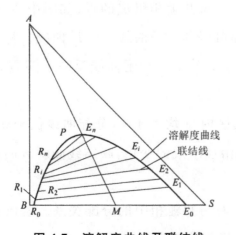

图 4-7　溶解度曲线及联结线

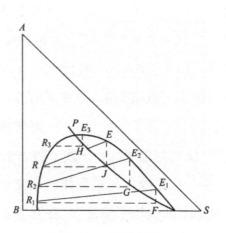

图 4-8　辅助曲线

(三)分配系数和分配曲线

1. 分配系数

在一定温度下,当三元混合液的两个液相达到平衡时,溶质 A 在 E 相和 R 相的组成之比称为分配系数,以 k_A 表示,即:

$$k_A = \frac{y_A}{x_A} \tag{4-4}$$

同理,原溶剂 B 的分配系数为:

$$k_B = \frac{y_B}{x_B} \tag{4-5}$$

式中:y_A, y_B ——萃取相 E 中组分 A、B 的质量分数;

x_A, x_B ——萃余相 R 中组分 A、B 的质量分数。

分配系数 k_A 表达了溶质在两个平衡液相中的分配关系。k_A 值越大,萃取分离的效果越好。k_A 值与联结线的斜率有关。不同的物系具有不同的分配系数值。同一物系,k_A 值随温度和组成而变。当溶质的组成变化不大时,在恒温条件下 k_A 值可视为常数,其值由实验确定。

2. 分配曲线

在萃取操作中,需要关注的是溶质 A 在液—液两相中的分配关系。如图 4-9 所示,若以 x_A 表示萃余相中溶质的组成,以 y_A 表示萃取相中溶质的组成,则在 x—y 直角坐标图上可得到表示一对共轭相组成的点(如图中 N 点),将若干个表示共轭相组成的点相连接,即可得到一条曲线(ONP 曲线),称为分配曲线。临界混溶点 P 的位置位于 $x=y$ 直线上。分配曲线反映了溶质 A 在平衡两相中的组成关系,即相平衡关系。

若物系的分配系数 $k_A > 1$,则在两相区内 y 均大于 x,分配曲线位于 $x=y$ 线上方,反之则位于 $x=y$ 线下方。若随溶质组成的变化,联结线倾斜方向发生改变,则分配曲线将与对角线出现交点。

分配曲线表达了溶质 A 在互为平衡的两共轭相中的分配关系。若已知由某液相组成,则可根据分配曲线求出其共轭相的组成。

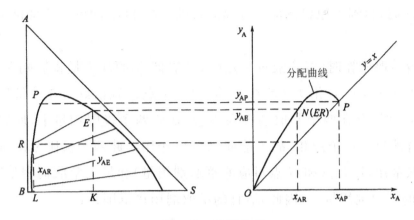

图 4-9 分配曲线

三、液—液相平衡与萃取操作的关系

(一)萃取过程的表示

萃取过程可以在三角形相图上非常直观地表达出来,如图 4-10 所示。

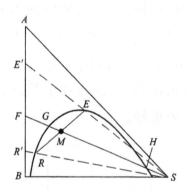

图 4-10 萃取过程在三角形相图上的表示

原料液 F 含有 A、B 两组分,其组成由 F 点表示。现加入适量纯萃取剂 S,应足以使混合液 M 的总组成进入两相区。M 点必位于 FS 连线上,其位置可根据杠杆规则确定。

由于 M 点位于两相区内,故当原料液和萃取剂充分根据杠杆规则时,M 点、E 点和 R 点在一条直线上。E 和 R 两点由过 M 点的联结线 ER(可借助辅助曲线通过试差法作图获得)确定。

若将萃取相和萃余相中的萃取剂分别加以回收,则当完全脱除萃取剂 S 后,可在 AB 边上分别得到含两组分的萃取液 E' 和萃余液 R'。从图中可以看出,萃取液 E' 中溶质 A 的含量比原料液 F 中的高,萃余液 R' 中原溶剂 B 的含量比原

料液 F 中的高,达到了原料液部分分离的目的。E' 和 R' 的数量关系仍由杠杆规则确定。

在单级萃取操作时,混合液量一定时,萃取剂 S 的加入量将影响 M 点的位置。改变 S 用量,M 点沿着 FS 线移动。当 M 点位置恰好落在溶解度曲线上(G 点、H 点)时,存在两个萃取剂极限用量,在此两个极限用量下,原料液和萃取剂的混合液只有一个液相,故不能起到分离作用。此两个极限萃取剂用量称为最小萃取剂用量 S_{min}(和 G 点对应的萃取剂用量)和最大萃取剂用量 S_{max}(和 H 点对应的萃取剂用量)。因此,适宜的萃取剂用量范围是:

$$S_{min} < S < S_{max}$$

S_{max}、S_{min}、S 量可由杠杆规则计算。

(二)互溶度对萃取操作的影响

萃取操作中,若萃取剂 S 和原溶剂 B 部分互溶,则互溶度越小,两相区越大。如图 4-11 所示,在相同温度下,同一种二元原料液与不同萃取剂 S_1、S_2 构成的三角形相图。由图可见,萃取剂 S_1 与原溶剂 B 的互溶度较小。若从 S 点作溶解度曲线的切线,此切线与 AB 边交于 E'_{max} 点,则此点即为在一定操作条件下可能获得的含溶质 A 的浓度最高的萃取液,称为最高萃取液。而互溶度越小,可能达到的最高萃取液浓度越大,越有利于萃取分离。可见,选择与原溶剂 B 互溶度小的萃取剂,分离效果好。

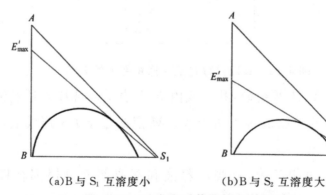

(a)B 与 S_1 互溶度小　　　　　(b)B 与 S_2 互溶度大

图 4-11　互溶度对萃取操作的影响

通常物系的温度升高,B 与 S 互溶度增加,反之减小,如图 4-12 所示。温度明显地影响溶解度曲线的形状、联结线的斜率和两相区面积,从而也影响分配系数的大小和分配曲线的形状。一般来说,温度降低对萃取过程有利。但是,温度的变化还将引起物系其他物理性质(如密度、黏度)的变化,故萃取操作温度应做适当的选择。

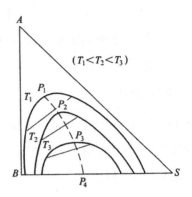

图 4-12　温度对互溶度的影响

四、萃取剂的选择

选择合适的萃取剂是保证萃取操作能够正常进行且经济合理的关键。萃取剂的选择应从以下方面考虑。

(一)萃取剂的选择性及选择性系数

选择性是指萃取剂对原料液两个组分溶解能力的差异。在萃取过程中,希望萃取剂对溶质具有较大的溶解能力,而对其他组分具有较小或没有溶解能力。这种差异越大,则认为萃取剂的选择性越好。萃取剂的选择性可用选择性系数 β 表示,其定义式为:

$$\beta = \frac{y_A / y_B}{x_A / x_B} \tag{4-6}$$

将式(4-4)及式(4-5)代入式(4-6)得:

$$\beta = \frac{k_A}{k_B} \tag{4-7}$$

式中:β　　——选择性系数,无量纲;

y_A, y_B　——萃取相 E 中组分 A、B 的质量分数;

x_A, x_B　——萃余相 R 中组分 A、B 的质量分数;

k_A, k_B　——组分 A、B 的分配系数。

显然,$\beta > 1$,说明所获得的萃取相中溶质浓度较萃余相中的高,即组分 A、B 得到了一定程度的分离;若 $\beta = 1$,说明经萃取后,溶质 A 与原溶剂 B 两组成之比未发生变化,故达不到分离的目的,所选择的萃取剂是不适宜的。选择性系数 β 为组分 A、B 的分配系数之比,k_A 值越大,k_B 值越小,选择性系数 β 就越大,组

分 A、B 的分离也就越容易,相应的萃取剂的选择性也就越好。选择性越好,越有利于组分的分离,完成一定的分离任务,所需的萃取剂量也就越少,相应的回收萃取剂的能耗也越低,对萃取越有利。

(二)萃取剂与原溶剂的互溶度

萃取剂与原溶剂的互溶度越小,可能得到的最高萃取液组成越大,越易分离;且互溶度越小,其选择性系数 β 越大;当 B、S 完全不互溶时,其选择性系数 β 达到无穷大,选择性最好,对萃取最有利。

(三)萃取剂回收的难易及经济性

在萃取过程中,萃取剂回收的费用常常是萃取过程的一项关键的经济指标。所以要求萃取剂容易回收且费用低,有些萃取剂尽管其他性能良好,但由于较难回收而不能被采用。通常采用蒸馏或蒸发的方法回收萃取剂,因此要求萃取剂与原料液中组分的相对挥发度要大;若溶质挥发度很低时,要求萃取剂的汽化热要小,以节省能耗。

(四)萃取剂的物理性质

萃取剂的物理性质(如两相密度差、界面张力及黏度等)直接影响两相接触状态、分层的难易、两相流动速度,从而限制过程及设备的分离效率和生产能力。若两相有较大的密度差,则有利于两相的分散和凝聚,促进两相的相对流动。界面张力小,则有利于分散但不利于凝聚,过小易导致乳化,不易分层;界面张力大,则有利于凝聚但不利于分散,从而使相际接触面积减小。因此要求界面张力适中,黏度、凝固点应较低,闪点较高,不易燃易爆,以便于操作、输送及贮存。

此外萃取剂还需无毒,腐蚀性小,理化稳定性较高,价格适中,易于购买。通常很难找到能同时满足上述要求的萃取剂,因此在保证萃取剂的高效性和经济性的前提下,需根据实际情况加以权衡,以保证满足主要要求。用于工业废水处理的萃取剂,还需要重点考虑萃取剂的溶解损失,避免二次污染,选择毒性低的、可生物降解的萃取剂。

第三节　单级萃取过程计算

萃取操作分为级式接触萃取和连续接触萃取,本节主要讨论级式萃取过程的计算。在级式萃取操作中,均假设各级为理论级,即离开每级的萃取相 E 和

萃余相 R 互为平衡。萃取理论级是一种理想状态,实际生产中是达不到的。理论级是衡量萃取设备操作效率的标准。计算实际级数时,可先求出所需的理论级数,再根据经验或实验得出的级效率,求取所需的实际萃取级数。

图 4-13 所示为单级萃取计算示意,可连续操作,也可间歇操作。单级萃取过程的计算通常为:已知原料液量 F 及其组成 x_F,萃取剂组成 y_s,萃余相组成 x_R。求萃取剂用量 S 萃取相 E 和萃余液 E' 的量(E 和 E')及其组成 y_E 及 y'_E。各股物料流单位为 kg 或 kg/s(kg/h),组成为质量分数。计算过程在三角形相图上用图解法较为简便,步骤如下:

①根据已知平衡数据在等腰直角三角形坐标图上绘出溶解度曲线和辅助曲线(辅助曲线图中未绘出),如图 4-13 所示。

②根据已知原料液组成 x_F 在 AB 边上定出 F 点。由萃取剂组成,定出 S 点,若为纯萃取剂,则为顶点 S;若萃取剂中含有少量的 A、B 组分,则萃取剂组成点必位于三角形相图内。连结 FS 线,F 和 S 的混合物组成点 M 必在 FS 线上。

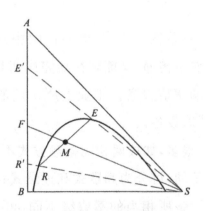

图 4-13　单级萃取计算

③根据萃余相组成 x_R,在图上定出 R 点(若已知的是萃余液的组成 x'_R,则定出 R' 点,连接 $R'S$ 得到与溶解度曲线的交点即为 R 点)。再由 R 点利用辅助曲线求出 E 点。连接 RE 直线,则 RE 与 FS 线的交点 M 即为混合液的组成点。依杠杆定律便可求出各股物流的量,即:

$$S = F \frac{MF}{MS} \tag{4-8}$$

$$F + S = R + E = M \tag{4-9}$$

$$E = M \frac{MR}{ER} \tag{4-10}$$

$$R = M - E \tag{4-11}$$

式中：R ——萃余相的量；

M ——混合液的量。

若 E 相和 R 相中萃取剂全部脱除。则萃取液 E' 和萃余液 R' 的量为：

$$E' = F \frac{R'F}{R'E} \tag{4-12}$$

$$R' = F - E' \tag{4-13}$$

各股物料组成均由三角形坐标图上读出。

第四节　萃取设备

一、萃取设备的主要类型

萃取设备要求在液—液萃取过程中，既能使两相密切接触并伴有较高程度的湍动，实现两相之间的质量传递，又能较快地完成两相分离。为了满足上述要求，出现了多种结构型式的萃取设备。工业上所采用的萃取设备已超过 30 种，而且还在不断开发新型萃取设备。

萃取设备的分类方法很多，如按两相的接触方式不同，可分为逐级接触式和连续接触式；按操作方式不同，可分为间歇式和连续式；按构造特点和形状不同，可分为组件式和塔式；按设备所相当的萃取级不同，可分为单级和多级；按有无外功输入，又可分有外能量和无外能量两种。

本节简要介绍一些典型的萃取设备及其操作特性。

(一)混合—澄清槽

混合—澄清槽是一种目前仍在工业生产中广泛应用的逐级接触式萃取设备。它可单级操作，也可多级组合操作。每一级均包括混合槽和澄清槽两个主要部分。

混合槽中通常安装搅拌装置，有时也可将压缩气体通入室底进行气流式搅拌,目的是使不互溶液体中的一相被分散成液滴而均匀分散到另一相中,以加大相际接触面积并提高传质速率。澄清槽的作用是借密度差将萃取相和萃余相进行有效的分离。

典型的单级混合—澄清槽如图 4-14 所示。操作时,被处理的原料液和萃取剂首先在混合槽中借搅拌浆的作用使两相充分混合,密切接触,进行传质,然后进入澄清器进行澄清分层。为了达到萃取的工艺要求,混合时要有足够的接触时间,以保证分散相液滴尽可能均匀地分散于另一相中;澄清时要有足够的停留时间,以保证两相完成分层分离。有时,对于生产能力小的间歇萃取操作,可将混合槽和澄清槽合并为一个装置,如图 4-14 所示。

根据生产需要,可以将多个混合—澄清槽串联起来,组成多级逆流或多级错流的流程。图 4-15 所示为水平排列的三级逆流混合—澄清槽萃取装置示意图。

混合—澄清槽的优点是两相接触好,一般级效率为 80% 以上;结构简单,设备运转可靠,对物系适应性好,对含有少量悬浮固体的物料也能处理;操作方便,易实现多级连续操作,便于调节级数,能适用于两种液体的流量在较大范围内变化等情况,因此应用比较广泛。其缺点是设备占地面积大;每级内都设搅拌装置,液体在级间流动需要泵来输送,动力消耗较大,设备费及操作费较高;每一级均设有澄清槽,所以持液量大,溶剂投资大。

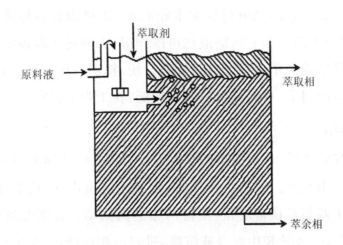

图 4-14　混合槽与澄清槽组合装置

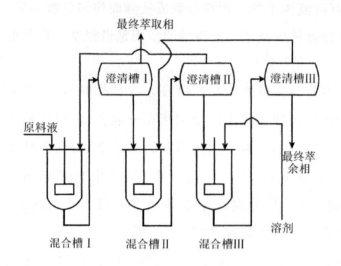

图 4-15 三级逆流混合—澄清槽装置

(二)填料萃取塔

填料萃取塔是在塔体内支承板上填充一定高度的填料层。如图 4-16 所示,萃取操作时,重相和轻相分别从塔的上、下部加入,两相在塔内呈逆流流动。连续相充满整个塔,分散相以液滴状通过连续相。为防止液滴在入口处聚结和出现液泛,轻相入口管应放置在支承器之上 25～50mm 处。

常用的填料为拉西环、鲍尔环、弧鞍等。选择填料材质时,除考虑料液的腐蚀性外,还应考虑填料只能被连续相润湿而不能被分散相润湿,这样才有利于液滴的形成和稳定。一般陶瓷填料易被水相润湿,塑料和石墨易被大部分有机相润湿,金属材料对水溶液和有机溶液均可能润湿,需通过实验确定。

填料萃取塔结构简单,造价低廉,操作方便,特别适用腐蚀性料液,但不能处理含有固体颗粒的料液,尽管其传质效率较低,在工业上仍有一定应用。

(三)喷洒塔

喷洒塔又称喷淋塔,是最简单的萃取设备,如图 4-17 所示,塔内无任何内件及液体引入和移出装置。喷洒塔操作时,重相由塔顶进入,从塔底流出;轻相由塔底加入。由于两相存在密度差,使得两相逆向流动。分散装置将其中一相分散成液滴群,在另一连续相中浮升或沉降,进行两相接触,发生传质过程。

喷洒塔的优点是结构简单,投资费用少,易维护。缺点是分散相在塔内只有一次分散,无凝聚和再分散作用,因此提供的理论级数不超过 1～2 级,分散相液滴在运动中一旦合并便很难再分散,导致沉降或浮升速度加大,相际接触面积和时间减少,传质效率低。另外,分散相液滴在缓慢的运动过程中表面更新慢,液滴内部湍流程度低,因此塔内传质效率较低,仅用于水洗、中和或处理含有固体颗粒的料液。

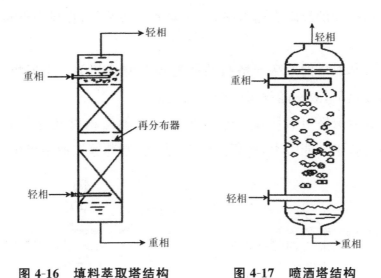

图 4-16 填料萃取塔结构   图 4-17 喷洒塔结构

(四)筛板萃取塔

筛板萃取塔是逐级接触式萃取设备,依靠两相的密度差,在重力的作用下,使两相进行分散和逆向流动。塔盘上不设出口堰。筛板塔内,轻、重两相均可作为分散相。若以轻相为分散相,如图 4-18 所示,轻相从塔的下部进入。轻相穿过筛板分散成细小的液滴,与塔板上的连续相充分接触,液滴在重相内的浮升过程中进行液—液传质。穿过重相层的轻相液滴开始合并凝聚,聚集在上层筛板的下侧,实现轻、重两相的分离,并进行轻相的自身混合。当轻相再一次穿过筛板时,轻相再次分散,液滴表面得到更新。这样分散、凝聚交替进行,直至塔顶澄清、分层、排出。而连续相即重相进入塔内,横向流过塔板,在筛板上与分散相即轻相液滴接触和萃取后,由降液管流至下一层板。重复以上过程,直至塔底与轻相分离而形成重相层排出。如果重相是分散相,则降液管变成升液管,轻相从筛板下部进入,从升液管进入上一层板,重相在重力作用下分散成细小液滴,在轻相层中沉降,进行传质。穿过轻相层的重相液在下沉过程中合并凝聚,聚集在下层筛板的上侧,在重力作用下再次分散、凝聚。通过多次分散和凝聚,实现两相分离,其过程和轻相为分散相时完全类似。

(五)往复筛板萃取塔

往复筛板萃取塔的结构如图 4-19 所示。将若干层筛板按一定间距固定在中心轴上,由塔顶的传动机构驱动而做往复运动。当筛板向上运动时,迫使筛板上侧的液体经筛孔向下喷射;反之,又迫使筛板下侧的液体向上喷射。为防止液体沿筛板与塔壁间的缝隙走而短路,应每隔若干块筛板,在塔内壁设置一块环形挡板。

往复筛板萃取塔的效率与塔板的往复频率密切相关。当振幅一定时,在不发生液泛的前提下,效率随频率的增大而提高。

往复筛板萃取塔可较大幅度地增加相际接触面积以及提高液体的湍动程度,传质效率高,生产能力大,在石油化工、食品、制药等工业中应用广泛。

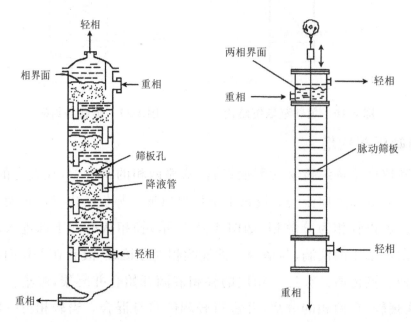

图 4-18　筛板萃取塔结构　　　图 4-19　往复筛板萃取塔结构

(六)离心萃取器

离心萃取器是利用离心力使两相快速充分混合并快速分离的萃取装置,目前已经开发出多种类型的离心萃取器,广泛应用于各种生产过程中。图 4-20 所示为转筒式离心萃取器的结构示意图。操作时,重相和轻相由底部的三通管并流进入混合室,在搅拌桨的剧烈搅拌下,两相充分混合并进行传质,然后共同进入高速旋转的转筒中。在转筒中,混合液在离心力的作用下,重相被甩向转鼓外缘,而轻相则被挤向转鼓的中心,两相分别经轻、重相堰流至相应的收集室,并经各自的排出口排出。

离心萃取器的优点是结构紧凑,效率高,易于控制,运行可靠;缺点是造价及维修费高,能耗大。

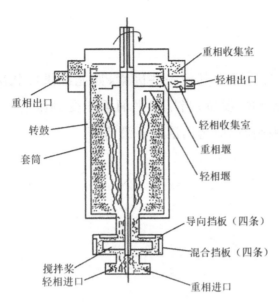

图 4-20 转筒式离心萃取器

二、萃取设备的选用

萃取设备的选择原理是:首先满足生产的工艺条件和要求,其次进行经济核算,使成本趋于最低。萃取设备的选择应考虑以下几个方面。

(一)物系的物理性质

对界面张力较小、密度差较大的物系,可选用无外加能量的设备。对密度差小、界面张力小、易乳化的难分层物系,应选用离心萃取器。对有较强腐蚀性的物系,宜选用结构简单的填料吸收塔。对于放射性元素的提取,混合—澄清槽用得较多。若物系中有固体悬浮物,为避免设备堵塞,需定期停工清洗,一般可用混合—澄清槽。另外,往复筛板塔有一定的清洗能力,在某些场合也可考虑选用。

(二)生产能力

生产能力较小时,可选用填料吸收塔、脉冲塔;处理量较大时,可选用筛板塔、混合—澄清槽。

(三)物系的稳定性和液体在设备内的停留时间

对生产要考虑物料的稳定性,要求在萃取设备内停留时间短的物系,如抗生素的生产,用离心萃取器合适。反之,要求有足够的停留时间,宜选用混合—澄清槽。

(四)其他

在选用设备时,还需考虑其他一些因素,如能源供应状况,在缺电的地区应尽可能选用依重力流动的设备;当厂房平面面积受到限制时,宜选用塔式设备,而当厂房高度受到限制时,应选用混合—澄清槽。

第五章

膜分离技术

第一节 概述

一、膜分离过程

膜分离原理如图 5-1 所示。膜分离技术的核心是分离膜,其种类很多,主要包括反渗透膜、纳滤膜、超滤膜、微滤膜、电渗析膜、渗透气化膜、液体膜、气体分离膜、电极膜等。它们对应不同的分离机理和不同的分离设备,有不同的应用对象。

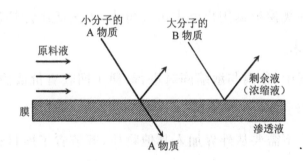

图 5-1 膜分离原理

二、膜分离特点

膜分离过程与传统的化工分离方法,如过滤、蒸发、蒸馏、萃取、深冷分离等过程相比较,具有如下特点。

(一)膜分离过程的能耗比较低

大多数膜分离过程都不发生相变化,避免了潜热很大的相变,因此膜分离过程的能耗比较低。另外,膜分离过程通常在接近室温下进行,被分离物料加热或冷却的能耗很小。

(二)适合热敏性物质分离

膜分离过程通常在常温下进行,因而特别适合于热敏性物质和生物制品(如果汁、蛋白质、酶、药品等)的分离、分级、浓缩和富集。例如,在抗生素生产中,采用膜分离过程脱水浓缩,可以避免减压蒸馏时因局部过热而使抗生素受热被破坏而产生有毒物质。在食品工业中,采用膜分离过程替代传统的蒸馏除水,可以使很多产品在加工后仍保持原有的营养和风味。

(三)分离装置简单,操作方便

膜分离过程的主要推动力一般为压力,因此分离装置简单,占地面积小,操作方便,有利于连续化生产和自动化控制。

(四)分离系数大,应用范围广

膜分离不仅可以广泛应用于从病毒、细菌到微粒的有机物和无机物的分离,还适用于许多特殊溶液体系的分离,如溶液中大分子与无机盐的分离、共沸点物系或近沸点物系的分离等。

(五)工艺适应性强

膜分离的处理规模根据用户要求可大可小,工艺适应性较强。

(六)便于回收

在膜分离过程中,分离与浓缩同时进行,便于回收有价值的物质。

(七)无二次污染

膜分离过程中不需要从外界加入其他物质,既节省了原材料,又避免了二次污染。

三、分离膜性能

分离膜是膜分离过程的核心部件,其性能直接影响着分离效果、操作能耗以及设备的大小。分离膜的性能常用透过速率、截留率、截留分子量等参数表示。

(一)透过速率(渗透通量)

能够使被分离的混合物有选择地透过是分离膜的最基本条件。表征膜透过性能的参数是透过速率,又叫渗透通量,是指单位时间、单位膜面积透过组分的通过量,以 J 表示,常用单位为 $kmol/(m^2 \cdot s)$。

膜的通量与膜材料的化学特性和分离膜的形态结构有关,且随操作推动力的增加而增大。此参数直接决定分离设备的大小。

(二)截留率

对于反渗透过程,通常用截留率表示其分离性能。截留率反映膜对溶质的截留程度,对盐溶液又称为脱盐率,以 R 表示,定义为:

$$R = \frac{c_F - c_P}{c_F} \times 100\% \tag{5-1}$$

式中: c_F —— 原料中溶质的浓度,kg/m^3;

　　c_P —— 渗透物中溶质的浓度,kg/m^3。

截留率为 100% 表示溶质全部被膜截留,此为理想的半渗透膜;截留率为 0,则表示全部溶质透过膜,无分离作用。通常,截留率在 0~100%。

(三)截留分子量

在超滤和纳滤中,通常用截留分子量表示其分离性能。截留分子量是指截留率为 90% 时所对应的分子量。截留分子量的高低,在一定程度上反映了膜孔径的大小,通常可用一系列不同分子量的标准物质进行测定。

膜的分离性能主要取决于膜材料的化学特性和分离膜的形态结构,同时也与膜分离过程的一些操作条件有关。膜分离性能对分离效果、操作能耗都有决定性的影响。

四、膜的分类

膜分离技术的核心是分离膜,目前使用的固体分离膜大多数是高分子聚合物膜,近年来又开发了无机材料分离膜。高聚物膜通常用纤维素类、聚砜类、聚酰胺类、聚酯类、含氟高聚物等材料制成。无机分离膜包括陶瓷膜、玻璃膜、金属膜和分子筛炭膜等。

膜的种类与功能较多,分类方法也较多,但普遍是按膜的形态结构分类,将分离膜分为对称膜和非对称膜两类。

(一)对称膜

对称膜又称为均质膜,是一种内部结构均匀的薄膜,膜两侧截面的结构及形态完全相同,分致密的无孔膜和对称的多孔膜两种,如图 5-2(a)所示。一般对称膜的厚度为 $10\sim200\mu m$,传质阻力由膜的总厚度决定,降低膜的厚度可以提高透过速率。

(二)非对称膜

非对称膜的横断面具有不对称结构,如图 5-2(b)所示。一体化非对称膜是用同种材料制备的,由厚度为 $0.1\sim0.5\mu m$ 的致密皮层和 $50\sim150\mu m$ 的多孔支撑层构成,其支撑层结构具有一定的强度,在较高的压力下也不会引起很大的形变。

此外,也可在多孔支撑层上覆盖一层不同材料的致密皮层,构成复合膜。显然,复合膜也是一种非对称膜。对于复合膜,可优选不同的膜材料以制备致密皮层与多孔支撑层,使每一层独立发挥最大作用。非对称膜的分离主要(或完全)由很薄的皮层决定,传质阻力小,其透过速率较对称膜高得多,因此非对称膜在工业上的应用十分广泛。

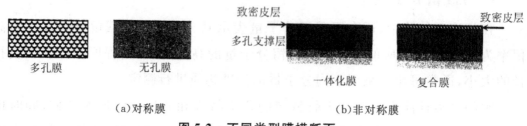

图 5-2　不同类型膜横断面

五、膜组件

将一定面积的膜以某种形式组装在一起的器件,称为膜组件,在其中实现混合物的分离。

(一)板框式膜组件

板框式膜组件采用平板膜,其结构与板框过滤机类似。图 5-3 所示为板框式膜组件进行海水淡化的装置。在多孔支撑板两侧覆以平板膜,采用密封环和两个端板以密封、压紧。海水从上部进入组件后,沿膜表面逐层流动,其中纯水透过膜到达膜的另一侧,经支撑板上的小孔汇集在边缘的导流管后排出,而未透过的浓缩咸水从下部排出。

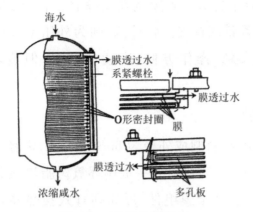

图 5-3　板框式膜组件

(二)螺旋卷式膜组件

螺旋卷式膜组件也采用平板膜,其结构与螺旋旋板式换热器类似,如图 5-4 所示,由中间是多孔支撑板、两侧是膜的"膜袋"装配而成,膜袋的三个边均密封,另一边与一根多孔中心管连接。组装时在膜袋上铺一层网状材料(隔网),绕中心管卷成柱状再放入压力容器内。原料进入组件后,在隔网中的流道沿平行于中心管的方向流动,而透过物进入膜袋后旋转着沿螺旋方向流动,最后汇集在中心收集管中再排出。螺旋卷式膜组件结构紧凑,装填密度可达 $830\sim1660~\mathrm{m^2/m^3}$。但缺点是制作工艺复杂,膜清洗困难。

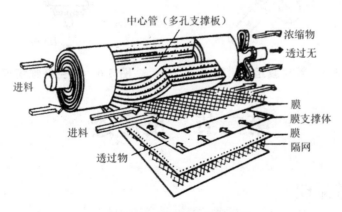

图 5-4　螺旋卷式膜组件

(三)管式膜组件

管式膜组件是把膜和支撑体均制成管状,使二者组合,或者将膜直接刮制在支撑管的内侧或外侧,将数根膜管($\phi10\sim20\mathrm{mm}$)组装在一起,就构成了管式膜组件,与列管式换热器相类似。若膜刮在支撑管内侧,则为内压型,原料在管内流动,如图 5-5 所示;若膜刮在支撑管外侧,则为外压型,原料在管外流动。管式膜组件的结构简单,安装、操作方便,流动状态好,但装填密度较小,为 $33\sim330\mathrm{m^2/m^3}$。

(四)中空纤维膜

中空纤维膜是将膜材料制成外径为 $80\sim400\mu m$、内径为 $40\sim100\mu m$ 的空心管。将大量的中空纤维一端封死,另一端用环氧树脂浇注成管板,装在圆筒形压力容器中,就构成了中空纤维膜组件,形如列管式换热器,如图 5-6 所示。大多数膜组件采用外压式,即高压原料在中空纤维膜外侧流过,透过物则进入中空纤维膜内侧。中空纤维膜组件的装填密度极大($10000\sim30000\mathrm{m^2/m^3}$),且无须外加支撑材料;但膜易堵塞,清洗不易。

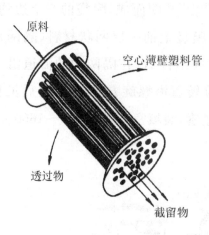

图 5-5　管式膜组件

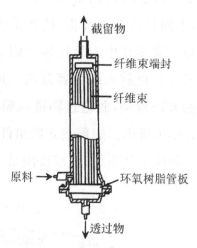

图 5-6　中空纤维膜组件

第二节　反渗透

一、反渗透原理

能够让溶液中的一种或几种组分通过而其他组分不能通过的选择性膜称为半透膜。当把溶剂和溶液(或两种不同浓度的溶液)分别置于半透膜的两侧时,纯溶剂将透过膜而自发地向溶液(或从低浓度溶液向高浓度溶液)一侧流动,这种现象称为渗透。当溶液的液位升高到所产生的压差恰好抵消溶剂向溶液方向流动的趋势时,渗透过程达到平衡,此压力差称为该溶液的渗透压,以 $\Delta\pi$ 表示。若在溶液侧施加一个大于渗透压的压差 Δp 时,则溶剂将从溶液侧向溶剂侧反向流动,此过程称为反渗透,如图 5-7 所示。由此可利用反渗透过程,从溶液中获得纯溶剂。

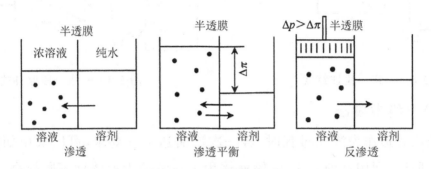

图 5-7　渗透与反渗透

利用反渗透膜的半透性,即只透过水不透过盐的原理,利用外加高压克服水中淡水透过膜后浓缩成盐水的渗透压,将水"挤过"膜。水分成两部分,一部分是含有大量盐类的盐水,另一部分是含有极少量盐类的淡水。反渗透系统是利用高压作用,通过反渗透膜分离出水中的无机盐,同时去除有机污染物和细菌,截留水污染物,从而制备纯溶剂的分离系统。

反渗透过程必须满足两个条件:一是选择性高的透过膜;二是操作液压力必须高于溶液的渗透压。在实际反渗透过程中,膜两边的静压差还必须克服透过膜的阻力。

二、反渗透工艺过程

在整个反渗透处理系统中,除了反渗透器和高压泵等主体设备外,为了保证膜性能的稳定,防止膜表面结垢和水流道堵塞,除设置合适的预处理装置外,还需配置必要的附加设备,如 pH 调节、消毒和微孔过滤等,并选择合适的工艺流程。反渗透膜分离工艺设计中常见的流程有如下几种。

(一)一级一段法

一种形式是一级一段连续式工艺,如图 5-8 所示,当料液进入膜组件后,浓缩液和透过液被连续引出,这种方式下透过液的回收率不高,工业应用较少。另一种形式是一级一段循环式工艺,如图 5-9 所示,它是将一部分浓溶液返回料液槽,这样,浓溶液的浓度不断提高,因此透过液量大,但质量有所下降。

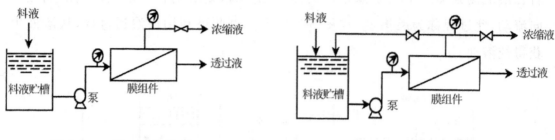

图 5-8　一级一段连续式　　　　　图 5-9　一级一段循环式

(二)一级多段法

当用反渗透作为浓缩过程时,若一次浓缩达不到要求,可以采用如图 5-10 所示的多段法,利用这种方式,浓缩液体积可逐渐减少而浓度不断提高,透过液量相应加大。在反渗透应用过程中,最简单的是一级多段连续式流程。

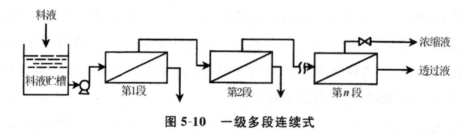

图 5-10　一级多段连续式

(三)两级一段法

当海水除盐率要求把 NaCl 从 35000mg/L 降至 500mg/L 时,要求除盐率高达 98.6%,如一级达不到要求时,可分为两步进行,即第一步先除去 90% 的 NaCI,第二步再从第一步出水中除去 89% 的 NaCl,即可达到要求。如果膜的除盐率低,而水的渗透性又较高,则采用两步法比较经济,同时,在低压、低浓度下运行可提高膜的使用寿命。

(四)多级多段式

在此流程中,将第一级浓缩液作为第二级的供料液,而第二级浓缩液再作为下一级的供料液,此时由于各级透过水都向外直接排出,所以随着级数的增加,水的回收率逐渐上升,浓缩液体积逐渐减少,浓度逐渐上升。为了保证液体一定的流速,同时控制浓差极化,膜组件数目应逐渐减少。

当然,在选择流程时,需同时考虑装置的整体寿命、设备费、维护管理、技术可靠性等。例如,将高压一级流程改为两级时,就有可能在低压下运行,对膜、装置、密封、水泵等方面均有益处。

三、影响反渗透过程的因素

由于膜具有选择透过性,在反渗透过程中,溶剂从高压侧透过膜到低压侧,大部分溶质被截留,溶质在膜表面附近积累,在膜表面和溶液主体之间形成具有浓度梯度的边界层,引起溶质从膜表面通过边界层向溶液主体扩散,这种现象称为浓差极化。

浓差极化可对反渗透过程产生下列不良影响:①膜表面处溶质的浓度升高,使溶液的渗透压升高,当操作压差一定时,反渗透过程的有效推动力下降,导致溶剂的渗透通量下降;②膜表面处溶质的浓度升高,使溶质通过膜孔的传质推动力增大,溶质的渗透通量升高,截留率降低,这说明浓差极化现象的存在对溶剂渗透通量的增加提出了限制;③膜表面处溶质的浓度高于溶解度时,在膜表面上将形成沉淀,会堵塞膜孔并减少溶剂的渗透通量,导致膜分离性能的改变;④出现膜污染,膜污染严重时几乎等于在膜表面又形成一层二次薄膜,会导致反渗透膜透过性能的大幅下降,甚至完全消失。

减轻浓差极化的有效途径是提高传质系数,可采取的措施有:提高料液流速、增强料液湍动程度、提高操作温度、对膜面进行定期清洗和选用性能好的膜材料等。

四、反渗透技术的工业应用

反渗透分离技术除应用在苦咸水和海水淡化领域外,近几年在食品、医药、电子工业、电厂锅炉用水、环保等领域的应用日益增多,在浓缩、分离、净化等方面的潜力也被逐步挖掘。

(一)苦咸水淡化

苦咸水通常是指含盐量在 $1500\sim5000\text{mg/L}$ 的天然水、地表水和自流井水,其含盐量一般比海水低很多。在世界许多干燥贫瘠、水源匮乏的地区,苦咸水通常是可利用水的主要组成部分。我国海水淡化反渗透技术处于国际领先位置,并早已经普及生产和生活中。

(二)超纯水生产

反渗透膜分离技术已被普遍用于电子工业纯水及医药工业无菌纯水等超纯水的制备。采用反渗透膜装置可有效去除水中的小分子有机物、可溶性盐类并控制水的硬度。电子工业的发展对其生产中所用纯水的水质提出了更高的要求。目前,美国电子工业已有90%以上采用反渗透和离子交换相结合的装置来制备超纯水。据报道,在原水进入离子交换系统以前,先通过反渗透装置进行预处理,可节约成本20%~50%。

(三)工业废水的处理

工业废水是水、化学药品以及能量的混合物,废水的各个组分均可视作污染物,同时也可视作资源,其所含组分常常具有利用价值,因此工业废水的处理在考虑降低排污量的同时,还要考虑资源的重复利用。在工业废水的处理过程中,不但可以回收有价值的物料,如镍、铬及氰化物,而且解决了废水排放的问题。

1.电镀行业废水

电镀行业一般都排放含有大量有害重金属离子的废水。由于反渗透膜对高价金属离子具有良好的去除效果,而且重金属的价数越高越容易分离,所以,它不仅可以回收废液中几乎全部的重金属,还可以将回收水再利用。因而,采用反渗透法处理电镀废水是比较经济的,具有广阔的应用前景。

2.电厂废水

燃煤电厂从锅炉到涡轮机环路所需的水质要求各不相同,用量最大的是用于冷却循环的中等水质的水。冷却塔排放的水量在电厂中最多,采用反渗透膜法处理冷却塔中的废水,再将处理过的不同水质的水用于循环系统,可大大降低能耗、节约资源。

3.纸浆及造纸工业

反渗透装置可以用于处理造纸工业中的大量废水,降低造纸厂排放水的色度、生化需氧量以及其他有害物质浓度,并使部分水得以循环利用。在处理废水的同时,还可以提取有用的物质。

4.放射性废水的浓缩

原子能发电站废水的特点是水量大、放射性密度低。反渗透膜分离技术很适合处理这种废水,而且金属盐类是否具有放射性对分离率没有影响。另外,核电站加压水反应堆操作中的蒸气发生器的废水经反渗透装置处理后,其排放量可以减少 10 倍以上。

5.食品工业用水

(1)奶制品加工

采用反渗透与超滤相结合的办法,可对分出奶酪后的乳浆进行加工,将其中所含的溶质进行分离,得到主要含有蛋白质、乳糖以及乳酸的浓缩组分,同时对含盐乳清进行脱盐处理,减少环境污染。Stauffer Chemical 公司采用这种超滤与反渗透相结合的技术,回收乳清蛋白的年处理量已达 27 万吨。

(2)果汁和蔬菜汁加工

采用蒸发法浓缩果汁会造成各种挥发性醇、醛和酯的损失,从而降低浓缩汁质量。采用反渗透膜装置可在常温下对果汁及蔬菜汁进行浓缩加工,可保持原有的营养成分和口味特性。

(3)油水乳液的分离

在金属加工中,要用油水乳液润滑及冷却工具和工作台。采用超滤与反渗透结合的方法处理废油水乳液时,将超滤的透过水经反渗透做深度处理,这样不仅可使排放水达标,还可以得到浓缩的油相。油相既可以焚烧掉,也可以经进一步精炼制得可以回用的油,不仅减少了环境污染,还提高了材料的利用率。

第三节　超滤

一、超滤原理

超滤是在压力推动下的筛孔分离过程。超滤膜主要用于大分子、胶体、蛋白、微粒的分离与浓缩。超滤膜对大分子溶质的主要分离过程如下:

(1)在膜表面及微孔内吸附;

(2)在膜面的机械截留;

(3)在微孔中停留而被除去。

其基本原理如图 5-11 所示。

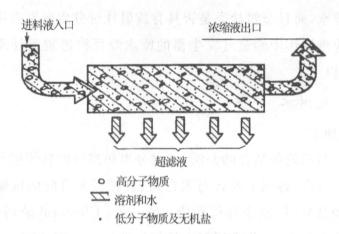

图 5-11　超滤分离原理示意图

超滤过程在对料液施加一定的压力后,高分子物质、胶体等被半透膜所截留,而溶剂和低分子物质、无机盐透过膜。超滤膜选择性表面层的主要作用是形成具有一定大小和形状的孔,它的分离机理主要是靠物理的筛分作用。

二、超滤的浓差极化

超滤膜分离过程中,由于高分子的低扩散性和水的高渗透性,溶质会在膜表面积聚并形成从膜面到主体溶液之间的浓度梯度,这种现象被称为膜的浓差极化。溶质在膜面的连续积聚最终将导致在膜面形成凝胶极化层。当超滤液中有几种不同分子量的溶质时,凝胶层会使小分子量组分的表观脱除率下降。当被膜截留的溶质具有聚电解质特性时,浓缩的凝胶层中由于含有相当高的离子电荷密度而产生离子平衡,使溶质分离恶化。这种现象在白蛋白、核酸和多糖类的生化聚合物中常遇到。

为了减轻因浓差极化所造成的超滤通量减少,一般可采取如下措施。

(1)错流设计。浓差极化是超滤过程不可避免的结果,为了使超滤通量尽可能大,必须使极化层的厚度尽可能小。采用错流设计,即加料错流流动流经膜表面,可用于清除一部分极化层。

(2)流体流速提高,增加流体的湍动程度,以减薄凝胶层的厚度。

(3)采用脉冲以及机械刮除法维持膜表面的清洁;对膜进行表面改性,研制抗污染膜等来尽量减少浓差极化现象。

三、超滤膜

超滤所用的膜为非对称性膜,膜孔径为 $1\sim20nm$,能够截留相对分子质量 500 以上的大分子和胶体微粒,操作压力一般为 $0.1\sim0.5MPa$。目前,常用的膜材料有醋酸纤维、聚砜、聚丙烯腈、聚酰胺、聚偏氟乙烯等。

超滤广泛用于化工、医药、食品、轻工、机械、电子、环保等工业部门。超滤技术应用的历史不长,只是 20 世纪 70 年代后才在工业上大规模地应用,但因其具有独特的优点,使之成为当今世界分离技术领域中一种重要的单元操作。

四、超滤过程的工艺流程

超滤的操作方式可分为重过滤和错流过滤两大类。重过滤是靠料液的液柱压力为推动力,但这样操作下的浓差极化和膜污染严重,很少采用,而常采用的是错流操作。错流操作工艺流程可分为间歇式和连续式。

(一)间歇操作

间歇操作适用于小规模生产,超滤工艺中的工业污水处理及其溶液的浓缩过程多采用间歇工艺,间歇操作的主要特点是膜可以保持在一个最佳的浓度范围内运行,在低浓度时,可以得到最佳的膜水通量。

(二)连续式操作

连续式操作常用于大规模生产.连续式超滤过程是指料液连续不断地加入贮槽和产品的不断产出,可分为单级和多级。单级连续式操作过程的效率较低,一般采用多级连续式操作。将几个循环回路串联起来,每一个回路即为一级,每一级都在一个固定的浓度下操作时,从第一级到最后一级,浓度逐渐增加。最后一级的浓度是最大的,即为浓缩产品。多级操作只有在最后一级的高浓度下操作时,渗透通量最低,其他级操作浓度均较低,渗透通量相应也较大,因此级效率高,而且多级操作所需的总膜面积较小。它适合在大规模生产中使用,特别适用于食品工业领域。

五、超滤技术的应用

超滤的技术应用可分为三种类型:浓缩;小分子溶质的分离;大分子溶质的

分级。绝大部分的工业应用属于浓缩这个方面,也可以采用与大分子结合或复合的办法分离小分子溶质。前面在讲述反渗透技术应用时提到超滤与反渗透结合可回收干酪乳清蛋白、分离油水乳液、处理生活污水。下面介绍超滤技术在其他方面的应用。

(一)回收电泳涂漆污水中的涂料

世界各国的汽车工业几乎都采用电泳涂装技术给汽车车身上底漆,该技术也被用在机电工业、钢制家具、军事工业等部门。在金属电泳涂漆过程中,带电荷的金属物件浸入一个装有带相反电荷涂料的池内。由于异电相吸,涂料便能在金属表面形成一层均匀的涂层,金属物件从池中捞出并用水洗除随带的涂料,因而产生电泳漆污水。可采用超滤技术将污水中的高分子涂料及颜料颗粒截留下来,而让无机盐、水及溶剂穿过超滤膜。浓缩液再回到电泳漆贮槽循环使用,透过液用于淋洗新上漆的物件。流程如图 5-12 所示。

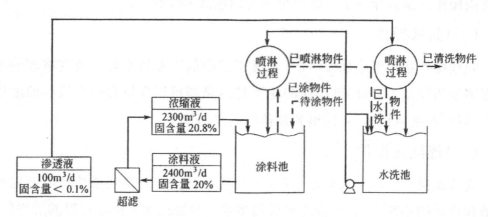

图 5-12 超滤在金属电泳涂漆过程中的应用

(二)含油污水的回收

油水乳浊液在金属机械加工过程中被广泛用作工具和工件反复冷拔操作、金属滚轧成型、切削操作的润滑和冷却。但因在使用过程中易混入金属碎屑、菌体及清洗金属加工表面的冲洗用水,导致其使用寿命非常短。单独的油分子就其分子量而言,小得可以通过超滤膜,而对这些含油废水超滤则能成功地分离出其油相。经过超滤后的渗透液中的油浓度通常低于 $10g/m^3$,已达到标准可排入阴沟。而浓缩液中最终含油达 $30\%\sim60\%$,可用来燃烧或它用。其操作流程如图 5-13 所示。

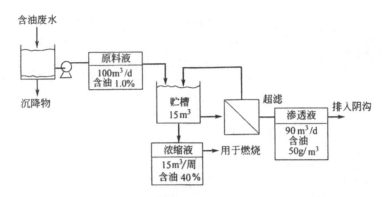

图 5-13 超滤过程处理含油污水

(三)果汁的澄清

从苹果中榨取的新果汁由于含有丹宁、果胶和苯酚等化合物而呈现浑浊状。传统方法采用酶、皂土、明胶使其沉淀,然后取上清液过滤而获得澄清的果汁[见图 5-14(a)]。通过超滤来澄清果汁,只需先部分脱除果胶,可减少酶用量,省去皂土和明胶,节约了原材料且省工省时[见图 5-14(b)],同时果汁回收率可达 $98\%\sim99\%$,此外果汁的品质也提高了。

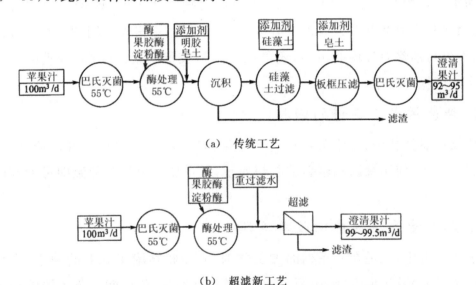

(a) 传统工艺

(b) 超滤新工艺

图 5-14 果汁澄清新旧工艺比较

(四)血清白蛋白的提取

从血浆中分离血清白蛋白包括一系列复杂的过程,将已处理的含 3% 白蛋白、20% 乙醇和其他小分子物质的组分使用超滤膜过滤,可将白蛋白从乙醇中分离出来,其工艺流程如图 5-15 所示。

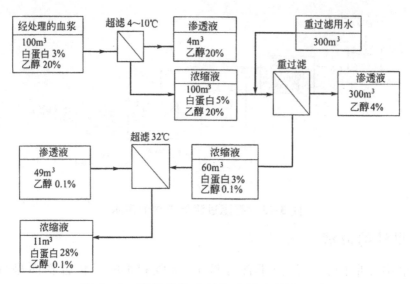

图 5-15　用超滤技术提取血清白蛋白工艺

(五)纺织工业污水的处理

1.聚乙烯醇退浆水的回收

纺织工业中为了增加纱线强度,织布前要把纱线上浆,印染前再洗去上浆剂,称为退浆。上浆剂多为聚乙烯醇(PVA),而且用量很大。用超滤技术处理退浆水,不仅可消除对环境的污染,还可回收价格较贵的聚乙烯醇,处理的水还可以在生产中循环使用。

2.染色污水中染料的回收

印染厂悬浮扎染、还原蒸箱在生产中排出较多的还原染料,既污染又浪费。采用超滤技术,使用聚砜和聚砜酰胺超滤膜,无须加酸中和及降温即可处理印染污水。

3.羊毛清洗污水中回收羊毛脂

毛纺工业中,原毛在一系列的加工之前,必须将粘附于其上的油脂(俗称羊毛脂或羊毛蜡)及污垢洗净,否则会影响纺织性能和染色性能。羊毛清洗污水中含有 COD(化学需氧量,是一种间接表示水被有机污染物污染程度的指标)、脂含量及总固体含量都远远超出工业污水的排放标准。采用超滤技术处理洗毛污水,可以使其浓缩 10～20 倍;羊毛脂的截留率达 90% 以上;总固体的截留率大于80%;COD 的除去率大于 85%。而且,在透过液中加入少量洗涤剂还可用于洗涤羊毛,效果良好。

第四节 电渗析

一、电渗析原理及适用范围

(一)电渗析原理

电渗析是在直流电场的作用下,以电位差为推动力,利用离子交换膜的选择渗透性(与膜电荷相反的离子透过膜,相同的离子则被膜截留),使溶液中的离子做定向移动以达到脱除或富集电解质的膜分离操作。使电解质从溶液中分离出来,从而实现溶液的浓缩、淡化、精制和提纯。它是一种特殊的膜分离操作,所使用的膜只允许一种电荷的离子通过,而将另一种电荷的离子截留,称为离子交换膜。由于电荷有正、负两种,离子交换膜也有两种。只允许阳离子通过的膜称为阳膜,只允许阴离子通过的膜称为阴膜。

在常规的电渗析器内,两种膜成对交替、平行排列,如图 5-16 所示,膜间空间构成一个个小室,两端加上电极,施加电场,电场方向与膜平面垂直。

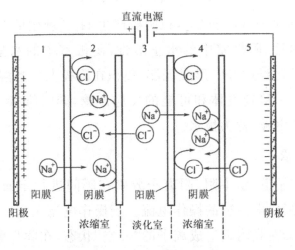

图 5-16 电渗析过程示意

含盐料液均匀分布于各室中,在电场作用下,溶液中的离子发生迁移。有两种隔室,它们分别产生不同的离子迁移效果。一种隔室是左边为阳膜,右边为阴膜。设电场方向从左向右,在此情况下,此隔室内的阳离子便向阴极移动,遇到右边的阴膜,被截留。阴离子往阳极移动,遇到左边的阳膜也被截留。而相邻两侧室中,左室内阳离子可以通过阳膜进入此室,右室内阴离子也可以通过阴膜进入此室,这样,此室的离子浓度增加,故称浓缩室。

另一种隔室左边为阴膜,右边为阳膜。在此室外的阴、阳离子都可以分别通过阴、阳膜进入相邻的室,而相邻室内的离子则不能进入此室。这样,室内离子浓度降低,故称为淡化室。

由于两种膜交替排列,浓缩室和淡化室也是交替存在的。若将两股物流分别引出,就成为电渗析的两种产品。

(二)电极反应

在电渗析的过程中,阳极和阴极上所发生的反应分别是氧化反应和还原反应。以 NaCl 水溶液为例,其电极反应为:

阳极

$$2OH^- - 2e \longrightarrow [O] + H_2O$$
$$Cl^- - e \longrightarrow [Cl]$$
$$H^+ + Cl^- \longrightarrow HCl$$

阴极

$$2H^+ + 2e \longrightarrow H_2$$
$$Na^+ + OH^- \longrightarrow NaOH$$

结果是,在阳极产生 O_2 和 Cl_2,在阴极产生 H_2。新生的 O_2 和 Cl_2 对阳极会产生强烈腐蚀。而且,阳极室中的水呈酸性,阴极室中的水呈碱性。若水中有 Ca^{2+}、Mg^{2+} 等离子,会与 OH^- 形成沉淀,集积在阴极上。当溶液中有杂质时,还会发生副反应。为了移走气体和可能的反应产物,同时维持 pH 值、保护电极,引入一股水流冲洗电极,称为极水。

(三)极化现象

在直流电场作用下,水中阴、阳离子分别在膜间进行定向迁移,各自传递着一定数量的电荷,形成电渗析的操作电流。当操作电流大到一定程度时,膜内离子迁移被强化,就会在膜附近造成离子的"真空"状态,在膜界面处将迫使水分子离解成 H^+ 和 OH^- 来传递电流,使膜两侧的 pH 值发生很大的变化,这一现象称为极化。此时,电解出来的 H^+ 和 OH^- 受电场作用而分别穿过阳膜和阴膜,阳膜处将有 OH^- 积累,使膜表面呈碱性。当溶液中存在 Ca^{2+}、Mg^{2+} 等离子时将形成沉淀。这些沉淀物附在膜表面或渗到膜内,易堵塞通道,使膜电阻增大,使操作电压或电流下降,降低了分离效率。同时,由于溶液 pH 值发生很大变化,会使膜受到腐蚀。

极化临界点所施加的电流称为极限电流。防止极化现象的办法是控制电渗析器在极限电流以下操作,一般取操作电流密度为极限电流密度的80％。

(四)离子交换膜

离子交换膜是一种具有离子交换性能的高分子材料制成的薄膜。它与离子交换树脂相似,但作用机理、方式、效果都有不同之处。当前市场上的离子交换膜种类繁多,也没有统一的分类方法。一般按膜的宏观结构分为三大类:

1.均相离子交换膜

系将活性基团引入一惰性支持物中制成。它的化学结构均匀,孔隙小,膜电阻小,不易渗漏,电化学性能优良,在生产中应用广泛。但制作复杂,机械强度较低。

2.非均相离子交换膜

由粉末状的离子交换树脂和黏合剂混合而成。树脂分散在黏合剂中,因而化学结构是不均匀的。由于黏合剂是绝缘材料,因此它的膜电阻大一些,选择透过性也差一些,但制作容易,机械强度较高,价格也较便宜。随着均相离子交换膜的推广,非均相离子交换膜的生产曾经大为减少,但近年来又趋活跃。

3.半均相离子交换膜

也是将活性基团引入高分子支持物而制成的,但两者不形成化学结合。其性能介于均相离子交换膜和非均相离子交换膜之间。此外,还有一些特殊的离子交换膜,如两性离子交换膜、两极离子交换膜、蛇笼膜、镶嵌膜、表面涂层膜、整合膜、中性膜、氧化还原膜等。

对离子交换膜的要求如下:

①有良好的选择透过性,实际上此项性能不可能达到100％,通常在90％以上,最高可达99％;

②膜电阻应低,膜电阻应小于溶液电阻;

③有良好的化学稳定性和机械强度;有适当的孔隙度。

(五)电渗析的特点

①电渗析只对电解质的离子起选择迁移作用,而对非电解质不起作用;

②电渗析除盐过程中没有物相的变化,因而能耗低;

③电渗析过程中不需要从外界向工作液体中加入任何物质,也不使用化学药剂,因而保证了工作液体原有的纯净程度,也没有对环境的污染,属清洁工艺;

④电渗析过程是在常温常压下进行的。

(六)电渗析的适用范围

电渗析在治理污水方面的应用可归结为三大方面:

①作为离子交换工艺的预除盐处理,可大大降低离子交换的除盐负荷,扩展离子交换对原水的适应范围,大幅度减少离子交换再生时废酸、废碱及废盐的排放量,一般可减少90%。某些情况下,可以取代离子交换,直接制取初级纯水。

②将污水中有用的电解质进行回收,并再利用。

③改革原有工艺,采用电渗析技术,实现清洁生产。

使用电渗析技术处理污水的方法,目前还处于探索阶段,在采用电渗析法处理污水时,应注意根据废水的性质选择合适的离子交换膜和电渗析器的结构,同时应对进入电渗析器的污水进行必要的预处理。

电渗析的适用范围见表5-1。

表 5-1　电渗析的适用范围

用途	除盐范围			成品水的直流耗电量/kW·h·m⁻³	说明
	项目	起始	终止		
海水淡化	含盐量/mg·L⁻¹	35000	500	15~17	规模较小时(如500m³/d以下),建设时间短,投资少,方便易行
苦咸水淡化	含盐量/mg·L⁻¹	5000	500	1~5	淡化到饮用水,比较经济
水的除氟	含氟量/mg·L⁻¹	10	1	1~5	在咸水除盐过程中,同时去除氟化物
淡水除盐	含盐量/mg·L⁻¹	500	5	<1	将饮用水除盐到相当于蒸馏水的初级纯水,比较经济
水的软化	硬度(以CaCO₃计)/mg·L⁻¹	500	<15	<1	在除盐过程中同时去除硬度;除盐水优于相同硬度的软化水
纯水制取	电阻率/MΩ·cm	0.1	>5	1~2	采用树脂电渗析工艺,或采用电渗析—混合床离子交换工艺
废水的回收与利用	含盐量/mg·L⁻¹	5000	500	1~5	废水除盐,回收有用物质和除盐水

二、电渗析的流程

电渗析器由膜堆、极区和夹紧装置三部分组成。

(一)膜堆

膜堆位于电渗析器的中部,是由交替排列的浓、淡室隔板,阴膜及阳膜所组成,是电渗析器除盐的主要部位。

(二)极区

极区位于膜堆两侧,包括电极和极水隔板。极水隔板供传导电流和排除废气、废液之用,所以比较厚。

(三)夹紧装置

夹紧装置电渗析器有两种锁紧方式:压机锁紧和螺杆锁紧。大型电渗析器采用油压机锁紧,中小型多采用螺杆锁紧。

三、组装方式

组装方式有串联、并联及串—并联。常用"级"和"段"来表示,"级"是指电极对的数目。"段"是指水流方向,水流通过一个膜堆后,改变方向进入后一个膜堆,即增加一段。

电渗析除盐的典型工艺流程如图 5-17、图 5-18 所示。

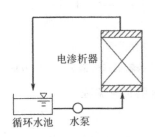

图 5-17　循环式电渗析除盐流程

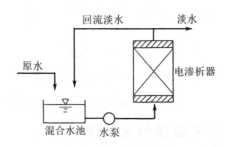

图 5-18　部分循环式电渗析除盐流程

四、电渗析技术的应用

电渗析技术目前已是一种相当成熟的膜分离技术,主要用途是苦咸水淡化、生产饮用水、浓缩海水制盐以及从体系中脱除电解质。它是目前膜分离过程中唯一涉及化学变化的分离过程。在许多领域中，与其他方法相比，它能有效地将生产过程与产品分离过程融合起来，具有其他方法不能比拟的优势。

(一)咸水脱盐制淡水

苦咸水脱盐制淡水是电渗析最早，且至今仍是最重要的应用领域。以电渗析脱盐生产淡水为例，其工艺流程如图 5-19 所示。从井里取出的地下咸水，首先送入原水贮槽，加入高锰酸钾溶液，被氧化的铁和锰盐经过锰沸石过滤器滤除。滤液分两部分：一部分作为脱盐液，从第一电渗析器按顺序通过四个电渗析器，脱盐达到饮用水标准。得到的淡水再脱二氧化碳，使 pH 值在 7～8，通入氯气消毒，最后送入淡水贮槽。这样的淡水就可以直接送到用水的地方；另一部分滤液作为浓缩液，送入浓缩液贮槽，用泵将浓缩液并列地送入四个电渗析器。除第一个电渗析器排出的浓缩液废弃外，其余浓缩液再流回浓缩液贮槽，在浓缩液贮槽和电极液贮槽中加入硫酸，以防止浓缩室及电极室中水垢的析出。

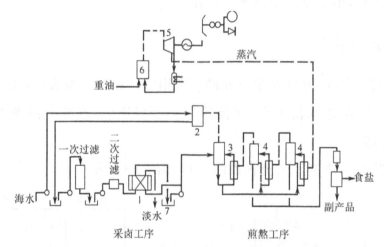

1—渗析槽；2—冷凝器；3—浓缩罐；4—结晶罐；5—涡轮机；6—锅炉；7—浓液槽

图 5-19　电渗析脱盐生产淡水的工艺流程

(二)重金属污水处理

电渗析可用于：含镍、铬、镉电镀污水的处理，印刷电路板生产中的氯化铜污水处理等。在回收重金属时，可减少污水的排放。

电渗析法处理电镀含镍污水的生产性试验工艺流程如图 5-20 所示。

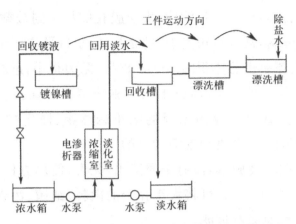

图 5-20 电渗析法处理电镀含镍污水工艺流程

（三）纯净水的生产

纯净水的水质高于生活饮用水,必须将生活饮用水经过处理,除盐、灭菌、消毒后才能制得合格的饮用纯净水。采用电渗析操作的目的是促进水的软化和除盐,由于纯水是不导电的,因此,当盐的浓度很低时,溶液电阻很大,最好的办法是将电渗析与离子交换结合起来。先用电渗析脱除大部分的盐,再用离子交换除去残留的盐,既避免了盐浓度过低时溶液电阻过大的缺点,又避免了离子交换时树脂的频繁再生。

（四）在食品工业中的应用

已经试验过的应用有:牛乳、乳清的脱脂;酒类脱除酒石酸钾;果汁脱柠檬酸;从蛋白质水解液或发酵液中分离氨基酸等。

（五）其他应用

电渗析还可以用于草浆造纸黑液处理,从黑液中回收碱;在铝业生产中,电渗析可以从赤泥废液中回收碱;在感光胶片洗印行业中,电渗析可用于彩色感光胶片漂白废液的处理;使用双级膜的电渗析可由盐直接制取酸和碱,国内用双极膜电渗析制取维生素 C。

第五节 微滤

一、微滤原理

微滤又称精过滤,其基本原理属于筛网状过滤,在静压差的作用下,利用膜的

"筛分"作用,小于膜孔的粒子通过滤膜,大于膜孔的粒子则被截留到膜面上,使大小不同的组分得以分离,其作用相当于"过滤"。由于每平方厘米滤膜中含有1000万至1亿个小孔,孔隙率占总体积的70%~80%,阻力很小,过滤速度较快。

微滤与反渗透和超滤一样,均属于压力驱动型膜分离技术。微滤主要从气相或液相物质中截留微米及亚微米级的细小悬浮物、微生物、微粒、细菌、红细胞、污染物等以达到净化、分离和浓缩的目的。

微滤过滤时介质不会脱落,没有杂质溶出,无毒,使用方便和更换方便,使用寿命长。同时,滤孔分布均匀,可将大于孔径的微粒、细菌、污染物截留在滤膜表面,滤液质量高,也称为绝对过滤。

二、影响微滤膜分离效果的因素

(一)孔堵塞

微滤膜孔被微粒和溶质堵塞而变小,造成从膜表面向料液主体的扩散通量减少,膜表面的溶质浓度显著增高,形成不可流动的凝胶层,使分离效果降低。

微孔膜堵塞原因有三种:①机械堵塞;②架桥;③吸附。机械堵塞是固体颗粒把膜孔完全塞住,吸附是颗粒在孔壁上使孔径变小,架桥也不完全堵塞孔道,这三种原因联合作用的结果,形成了滤饼过滤。

(二)浓差极化

浓差极化使膜表面上溶质的局部浓度增加,即边界层流体阻力增加(或局部渗透压的升高),将使传质推动力下降和渗透通量降低。

(三)溶质吸附

一旦料液与膜接触,大分子、胶体或细菌与膜相互作用而吸附或粘附在膜面上,从而改变膜的特性。

(四)生物污染

生物污染是指用微滤膜分离含有蛋白质的液体时,由于蛋白质在表面孔上架桥形成表面层而造成分离效果的降低。

三、微滤的操作流程

(一)无流动操作

如图5-21所示,原料液置于膜的上方,在压力差的推动下,溶剂和小于膜孔径的颗粒透过膜,大于膜孔的颗粒则被膜截留,该压差可通过原料液侧加压或透过液侧抽真空而产生。在这种无流动操作中,随着时间的延长,被截留颗粒会在膜表面形成污染层,使过滤阻力增加,随着过程的进行,污染层将不断增厚和压实,过滤阻力将进一步加大,如果操作压力不变,膜渗透通量将降低,如图 5-21 所示。因此无流动操作只能是间歇的,必须周期性地停下来清除膜表面的污染层或更换膜。

(二)错流操作

对于含固量高于 0.5% 的料液通常采用错流操作,这种操作类似于超滤和反渗透,如图 5-22 所示。料液以切线方向流过膜表面,在压力作用下透过膜,料液中的颗粒则被膜截留而停留在膜表面形成一层污染层,与无流动操作不同的是,料液流经膜表面时产生的高剪切力可以使沉积在膜表面的颗粒扩散返回主体流,从而被带出微滤组件,由于过滤导致的颗粒在膜表面的沉积速度与流体流经膜表面时,由速度梯度产生的剪切力引发的颗粒返回主体流速度达到平衡,可以使该污染层不会无限增厚而保持在一个相对较薄的稳定水平。因此一旦污染层达到稳定,膜的渗透通量将在较长的时间内保持在相对高的水平上,如图 5-22 所示。当处理量大时,宜采用错流设计。

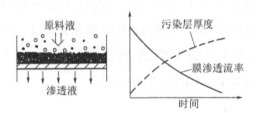

图 5-21 无流动操作示意

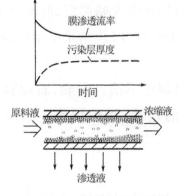

图 5-22 错流操作示意

四、微滤的应用

(一)微滤膜的特点

1. 孔径的均一性

微孔滤膜的孔径十分均匀,只有孔径的高度均匀,才能提高滤膜的过滤精度,例如核微滤膜的孔径尺寸能严格控制,故可截留大于孔径的任何微粒,分离效率达100%。

2. 空隙率高

微孔滤膜表面有无数微孔,空隙率一般可达80%左右。膜的空隙率越高,意味着过滤所需的时间越短,即通量越大。

3. 材薄

大部分微滤膜的厚度在150μm左右,对于过滤一些高价液体或少量贵重液体来说,由于液体被过滤介质吸收而造成的液体损失将非常少。此外,由于膜薄,所以它质量轻、占地小。

(二)微滤的应用

微滤是所有膜过程中应用最普遍、销售额最大的一项技术,其年销售额大于其他所有膜过程销售额的总和。它的最大市场是制药行业的除菌过滤和电子工业的高纯水的制备,此外在食品工业、生物制剂的分离,以及空气过滤、生物及微生物的检查分析等方面也得到了成功的运用。

1. 实验室中的应用

在实验室中,微孔滤膜是检测有形微细杂质的重要工具。

①微生物检测例如对饮用水中大肠菌群、游泳池水中假单胞族菌和链球菌、啤酒中酵母和细菌、软饮料中酵母、医药制品中细菌的检测和空气中微生物的检测等。

②微粒子检测例如注射剂中不溶性异物、石棉粉尘、航空燃料中的微粒子、水中悬浮物和排气中粉尘的检测,锅炉用水中铁分的分析,放射性尘埃的采样等。

2. 工业上的应用

制药行业的过滤除菌是其最大的市场,电子工业用高纯水制备次之。

①制药工业医药工业中,注射液及大输液中微粒污染(是不可代谢物质)引起的病理现象可分为四种情况:

• 较大微粒直接造成血管阻塞,引起局部缺血和水肿,如纤维容易引起肺水肿。

• 红细胞聚集在微粒上形成血栓,导致血管阻塞和静脉炎。

• 微粒引起的过敏性反应。

• 微粒侵入组织,由于巨噬细胞的包围和增殖导致血管肉芽肿。

上述情况的各种微粒均可以用微滤技术去除。此外,医院中手术用水及洗手的水也要去除悬浊物和微生物,也可应用微滤过滤技术。

目前,应用微滤技术生产的西药品种有葡萄糖大输液、右旋糖酐注射液、维生素 C、维生素(B_1、B_2、B_6、B_{12}、K),复合维生素、肾上腺素、硫酸阿托品、盐酸阿托品、硫酸庆大霉素、硫酸卡那霉素、维丙胺、阿尼利定(安痛定)等注射剂。此外,还用于获取昆虫细胞、分离大肠杆菌、制取阿米多无菌注射液、用于组织液培养及抗生素、血清、血浆蛋白质等多种溶液的灭菌。

②电子工业在电子元件生产中,纯水主要是用于清洗和配制各种溶液,因而纯水的质量对半导体器件、显像管及集成电路(SI)的成品率和产品质量有极大的影响。例如,目前生产的 SI 线条宽度和线条间的间距只有几微米或零点几微米,如果纯水不纯,水中的微粒吸附在硅片表面,就会形成针孔、小岛和缺陷,导致电路断线、短路和电气特性的改变。集成电路的集成度越高,对纯水水中微粒的要求也越高(见表 5-2)。水中的细菌除具有微粒的作用外,细菌本身还含有多种有害元素,如 P、Na、K、Ca、Mg、Fe、Cu、Cr 等,在高温工序中进入硅片,会造成电路失效或性能改变。

表 5-2　集成电路集成度对高纯水中微粒的要求

微粒规格	集成度					
	4K	16K	64K	256K	1M	4M
线宽及间距/μm	6	4	2.2	1.2	0.8	0.5
水中微粒直径/μm	<0.6	<0.4	<0.22	<0.12	<0.08	<0.05
水中微粒数/个·mL^{-1}	<300	<150	<80	<40	<20	<10

微孔滤膜在纯水制备中的主要用处有二:一是在反渗透或电渗析前用作保

安过滤器,用以清除细小的悬浮物质,一般用孔径为 $3\sim20\mu m$ 的卷绕式微孔滤芯;二是在阳、阴或混合离子交换柱后,作为最后一级终端过滤手段,用它滤除树脂碎片或细菌等杂质。此时,一般用孔径为 $0.2\sim0.5\mu m$ 的滤膜,对膜材料强度的要求应十分严格,而且,要求纯水经过膜后不得再被污染、电阻率不得下降、微粒和有机物不得增加。

3. 其他领域

在生物化学和微生物研究中,常利用不同孔径的微孔滤膜收集细菌、酶、蛋白、虫卵等以供检查分析。利用滤膜进行微生物培养时,可根据需要,在培养过程中更换培养基,以达到多种不同目的,并可进行快速检验。因此这种方法已被用于水质检验、临床微生物标本的分离以及食品中细菌的监察;用孔径小于 $0.5\mu m$ 的微孔滤膜对啤酒和酒进行过滤后,可脱除其中的酵母、霉菌和其他微生物。经这样处理后的产品清澈、透明、存放期长,且成本低。微滤还可用于脱除废油中的水分和碳,进行废润滑油的再生等方面。

目前,微滤正被引入更广泛的领域。在食品工业领域,许多应用已实现工业化;饮用水生产和城市污水处理是微滤应用潜在的两大市场;用于工业废水处理方面的研究正在大量开展;随着生物技术工业的发展,微滤在这一领域的市场也将越来越大。

第六章

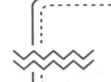

环境工程实验教学

第一节　实验教学目的

实验教学是使学生理论联系实际,培养学生观察问题、分析问题和解决问题能力的一个重要手段。环境工程实验课程的教学目的包括以下六个方面。

第一,从专业基础技术入手,逐步深入专业理论学习,增强综合性,使学生逐步从感性认识提升到理性认识和分析。

第二,通过对实验现象的观察、分析,加深对污染物处理基本概念、现象、规律与基本理论的理解。

第三,通过基础性和综合性实验操作训练,使学生掌握环境污染物处理的基本实验技能和仪器、设备的使用方法,具有一定解决实验技术问题的能力,了解现代测量、分析测试技术。

第四,使学生了解如何进行实验方案的设计,以及如何科学地组织和实施实验方案。

第五,培养分析实验数据、整理实验成果和编写实验报告的能力。

第六,培养实事求是的科学作风和融洽合作的共事态度以及爱护国家财产的良好风尚。

第二节　实验教学模式

为了更好地实现教学目的,使学生学好本课程、掌握科学组织与实施实验的基本技能,在实验教学过程中,结合实验内容逐步介绍组织和实施科学实验的一般程序。

一、拟订实验研究计划

（1）确定实验的目的与要求。

（2）分析并借鉴前人做过的与本课题有关的理论和实验成果。

（3）确定必须测量的主要物理量，分析它们的变化范围与动态特性。

（4）确定实验过程中必须严格控制的影响因素。

（5）根据实验准确度的要求，运用误差理论，确定对原始数据的准确度测量要求和测量次数。

（6）确定数据点（自变量间隔或因素水平值），进行实验设计，编制实验方案。

（7）从技术、精度、经济、时间和可靠性要求等方面，比较几种可行的方案，选择最适合的实验方案。

（8）编制人员、物资、进度与分工计划。

二、实验的准备

（1）设计和制造专用的测试仪器和实验装置。

（2）选择和采购所需的其他仪器设备。

（3）安排与布置实验场地，储备实验过程中需要的实验耗材、试剂、药品和工具。

（4）安装和连接测量系统，并进行调试和校准。

（5）编印记录用表格。

（6）对少量实验点进行测试，初步分析测得数据以考核测量系统的工作可靠性和试验方案的可行性，必要时可以做相应调整。

三、实验的实施

（1）按预定实验方案收集实验数据——应指定专门的记录人员，并使用专用的记录本；对实验过程中出现的过失或异常现象应做详细的记录并有现场负责人的签名。

（2）确保组员间互相协调工作和正确操作仪器；如有必要，应指定专职的安全员，保证技术安全，以及规定命令、应答制度。

（3）根据实验进程中的具体情况，对原定实验计划做必要的调整，增删某些实验项目或内容或推迟实验进程。

四、整理与分析实验结果

（1）整理测量结果，估算测量误差，做出必要和可能的修正。

（2）将实验数据及结果制成表格或曲线。

（3）根据实验目的与要求，对实验结果进行分析计算，得出所需的结论，如与实验理论分析比较，对经验公式或特征参数和系数等的分析。

五、编写实验报告

实验报告一般应包括下列内容。

（1）引言。简明扼要地介绍实验的由来、意义和整个工作的要求。

（2）说明。论证本实验所采用的方案和技术路线及其预期的评价。

（3）扼要的实验结果。尽量列成表格、图表和公式；可将原始数据作为附录。

（4）结论与讨论。包括理论分析或与前人工作进行对比，由此得出结论以及实验改进方向。

（5）注释及参考文献。

第三节　实验教学要求

一、课前预习

在实验课前，学生须认真预习实验教材，明确实验目的、内容、原理和方法；了解实验设备的基本构造、工作原理和使用方法；写出简明的预习提纲。

二、实验设计

实验设计是实验研究的重要环节，是获得满意的实验结果的基本保障。在实验教学中，先在专业基础实验中讲授实验设计基础知识，然后在专业实验项目中进行设计训练，以达到使学生掌握实验设计方法的目的。

三、实验操作

学生在实验前应仔细检查实验设备、仪器仪表是否完整齐全。实验时要有指挥、有分工,做到有条不紊;要严格按照操作规程认真操作,仔细观察实验现象,精心测定实验数据并详细填写实验记录。实验结束后,要将使用过的仪器、设备、测量工具整理复位,将实验场地打扫并整理干净。

四、实验数据处理

通过实验取得大量数据以后,必须对数据进行科学的整理分析,以得到正确可靠的结论。

五、编写实验报告

将每个实验结果整理编写成一份实验报告,是实验教学必不可缺的组成部分。通过这一环节的训练可为今后写好科学论文或科研报告打下基础。实验报告要用正规的实验报告纸书写,卷面整洁,字迹清晰,内容一般包括:

(1)报告人的姓名、班级、同组人员、实验日期。

(2)实验名称。

(3)简述实验目的、实验原理、实验装置和实验步骤等。

(4)测量、记录原始数据,列明所用公式,计算有关成果。

(5)列出计算结果表。

(6)对实验结果进行讨论分析,找出产生误差的原因,完成"实验分析与讨论"。

(7)实验报告绘制曲线部分要用正规的坐标纸或用计算机成图,图中需标明:

· 图的标题;

· 图中横、纵坐标的含义;

· 图的有效数字位数;

· 图中各项含义。

第七章

环境工程试验

第一节　水污染控制工程实验

实验一　混凝实验

一、实验目的

(1) 观察混凝现象,加深对混凝原理的理解。

(2) 了解影响混凝过程(或效率)的相关因素。

(3) 掌握最佳混凝工艺条件的确定方法。

二、实验原理

对于水中粒径小的悬浮物及胶体物质,由于微粒的布朗运动、胶体颗粒间的静电斥力和胶体颗粒表面的水化作用,水中这种含浊状态稳定。向水中投加混凝剂后,颗粒聚集的原因为:

①降低了颗粒间的排斥能峰及胶粒的 Zeta 电位,实现了胶粒脱稳;

②发生高聚物式高分子混凝剂的吸附架桥作用;

③发生网捕作用,从而达到颗粒的凝聚,最终沉淀并从水中分离出来。

混凝是水处理工艺中十分重要的一个环节,其所处理的对象主要是水中悬浮物和胶体物质。混合和反应是混凝工艺的两个阶段,投药是混凝工艺的前提。选择性能良好的药剂、创造适宜的化学和水利条件,是混凝工艺的技术关键。由于各种原水有很大差别,混凝效果不尽相同,影响混凝效果的因素主要有以下几个方面。

(一)水的 pH 值对混凝效果的影响

pH 的大小直接关系到选用药剂的种类、加药时和混凝沉淀效果。水中 H^+ 和 OH^- 参与混凝剂的水解反应,因此 pH 值强烈影响到混凝剂的水解速度、产物的存在形态与性能。以铝盐为例,铝盐的混凝作用是通过生成 $Al(OH)_3$ 胶体实现的。在不同 pH 值下,Al^{3+} 的存在形态不同。当 pH<4 时,$Al(OH)_3$ 溶解,以 Al^{3+} 存在,其混凝除浊效果极差。一般来说,在低 pH 值时,高电荷低聚合度的多核配位离子占主要地位,起不了黏附架桥、吸附等作用。在 pH=6.5~7.5 时,聚合度很大的中性 $Al(OH)_3$ 胶体占绝大多数,故混凝效果较好。当 pH>8 时,$Al(OH)_3$ 胶体又重新溶解为负离子,生成 AlO_2^-,混凝效果也很差。高分子絮凝剂受 pH 值的影响较小。水的碱度对 pH 值有缓冲作用,当碱度不够时,应添加石灰等药剂。

(二)水温对混凝效果有明显的影响

混凝剂水解多是吸热反应。水温低时水解速度慢,且水解不完全。温度也影响矾花的形成速度和结构。低温时即使增加投药量,絮体的形成还是很缓慢,而且结构松散,颗粒细小,较难去除;此外,水温低时水的黏度大,布朗运动减弱,碰撞次数减少,同时剪切力增大,难以形成较大的絮体。但水温太高,易使高分子絮凝剂老化或分解生成不溶性物质,反而降低混凝效果。

(三)水中杂质成分、性质和浓度对混凝效果的影响

水中黏土杂质粒径细小而均匀者,混凝效果较差,粒径参差者对混凝有利。颗粒浓度过低往往对混凝不利,回流沉淀物或投加助凝剂可提高混凝效果。水中存在大量有机物时,有机物能被黏土微粒吸附,使微粒具备有机物的高度稳定性;此时,向水中投加氯以氧化有机物,破坏其保护作用,常能提升混凝效果。水中的盐类也能影响混凝效果,如水中的 Ca^{2+}、Mg^{2+},以及硫、磷化合物一般对混凝有利;而某些阴离子、表面活性物质却对混凝有不利影响。

(四)混凝剂种类的影响

混凝剂的选择主要取决于胶体和细微悬浮物的性质、浓度。如水中污染物主要呈胶体状态,且 Zeta 电位较高,则应先选无机混凝剂使其脱稳凝聚;如絮体细小,则还需投加高分子混凝剂或配合使用活化硅胶等助凝剂。很多情况下,将

无机混凝剂与高分子混凝剂并用,可明显提升混凝效果,扩大应用范围。对于高分子而言,链状分子上所带电荷量越大、电荷密度越高,链就越能充分延伸,吸附架桥的空间范围也就越大,絮凝作用就越好。

(五)混凝剂投加量的影响

投加混凝剂的多少将直接影响混凝效果。若混凝剂投加量不足,则不可能有很好的混凝效果;同样,如果投加的混凝剂过多,也未必能达到很好的混凝效果。对任何混凝处理,都存在最佳混凝剂和最佳投药量,应通过试验确定。一般的投加量范围是:普通铁盐、铝盐为 $10 \sim 100mg/L$;聚合盐为普通盐的 $1/3 \sim 1/2$;有机高分子混凝剂为 $1 \sim 5mg/L$。

(六)混凝剂投加顺序的影响

当使用多种混凝剂时,其最佳投加顺序应通过试验确定。一般而言,当无机混凝剂与有机混凝剂并用时,先投加无机混凝剂,再投加有机混凝剂。但当处理的胶粒粒径在 $50\mu m$ 以上时,常先投加有机混凝剂以吸附架桥,再加无机混凝剂以压缩双电层而使胶粒脱稳。

(七)水力条件对混凝有重要影响

在混合阶段,要求混凝剂与水迅速均匀地混合;而到了反应阶段,既要创造足够的碰撞机会和良好的吸附条件,让絮体有足够的成长机会,又要防止生成的小絮体被打碎,因此搅拌强度要逐步减小,反应时间要长。

三、仪器与试剂

(一)仪器

电动六联搅拌器、浊度仪、酸度计。

(二)试剂

硫酸铝、氯化铁、聚合硫酸铝、聚合氯化铁、聚丙烯酰胺等。

四、实验步骤

(1)测定原水特征:测定原水浊度、pH 值、温度。

(2)确定形成矾花所用的最小混凝剂量:慢速搅拌烧杯中的 200mL 原水,并每次增加 0.1mL 混凝剂投加量,直至出现矾花,这时的混凝剂量作为形成矾花的最小投加量 M_0。

（3）用 6 个 1000mL 的烧杯编号后分别加入 800mL 原水,放在搅拌器平台上。

（4）确定混凝剂投加量:把 $M_0/3$ 作为 1 号烧杯的混凝剂投加量,$2M_0$ 作为 6 号烧杯的混凝剂投加量,用依次增加混凝剂投加量相等的方法求出 2～5 号烧杯的混凝剂投加量,把混凝剂分别加入烧杯中。

（5）启动搅拌器,快速搅拌 30s,转速约 300r/min;中速搅拌 5min,转速约 100r/min;慢速搅拌 10min,转速约 50r/min。注意:如果用污水进行混凝实验,因为污水胶体颗粒比较脆弱,所以搅拌速度要适当放慢。

（6）搅拌过程中,注意观察并记录矾花形成的过程,以及矾花的外观、大小、密实程度等。

（7）关闭搅拌器,静置沉淀 10min（依据矾花颗粒的大小确定时间）,移取 50mL 烧杯中的上层清液于锥形瓶中,测定浊度,记录结果,计算去浊百分率,同时整理得出最佳投药量 M_0,注意:移取上层清液时,不要搅动底部沉淀物。

五、数据记录与处理

（1）将原水特征、混凝剂投加情况、沉淀后的水样浊度、pH 值及去浊百分率记入表 7-1。

表 7-1　混凝沉淀实验数据

烧杯编号		1	2	3	4	5
原水浊度						
混凝剂名称						
混凝剂量/（mg/L）						
反应情况	矾花出现时间					
	矾花大小					
	矾花形状					
沉淀水	浑浊度					
	pH					
	去浊百分率					

（2）以沉淀后的水样浊度为纵坐标,混凝剂加入量为横坐标,绘制浊度与加

药量关系曲线。

实验二　膜生物反应器实验

一、实验目的

(1)了解膜生物反应器(MBR)工艺的工作原理。

(2)掌握 MBR 工艺设计和运行的参数。

(3)测定膜生物反应器处理各种污水的效果。

(4)探索防止膜污染的方法和膜清洗的方法。

二、实验原理

本实验设备中进行水处理的模块由预处理和 MBR 处理两大部分组成。预处理包括格栅过滤、曝气沉砂、竖流式沉淀三个单元,对原水进行初级清理,然后进入 MBR 处理模块。MBR 是生物处理技术与膜分离技术相结合的一种新技术,取代了传统水处理工艺中的二沉池。MBR 技术不仅可高效地进行固液分离,而且可以维持高浓度的微生物量,工艺剩余污泥少,可极有效地去除氨氮,出水悬浮物和浊度接近于零。

本实验中使用的是固液分离型膜生物反应器,这是在水处理领域研究得最为广泛深入的一类膜生物反应器,所用的是一种用膜分离过程取代传统活性污泥法中二次沉淀池的水处理技术。在传统的废水生物处理技术中,泥水分离是在二沉池中靠重力作用完成的,其分离效率依赖于活性污泥的沉降性,沉降性越好,泥水分离效率越高。而污泥的沉降性取决于曝气池的运行状况,改善污泥沉降性必须严格控制曝气池的操作条件,这限制了该方法的适用范围。由于二沉池中固液分离的要求,曝气池的污泥不能维持较高浓度,一般在 $1.5\sim3.5g/L$,从而限制了生化反应速率。

水力停留时间(HRT)与污泥龄(SRT)相互依赖,提高容积负荷与降低污泥负荷往往形成矛盾。系统在运行过程中还产生了大量的剩余污泥,其处置费用占污水处理厂运行费用的 $25\%\sim40\%$。传统活性污泥处理系统还容易出现污泥膨胀现象,出水中含有悬浮固体,出水水质恶化。MBR 技术可有效地解决上述问题。

三、实验设备与试剂

(一)实验设备

实验设备主体构成如图 7-1 所示。

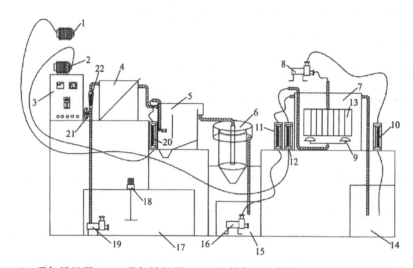

1—曝气风机泵 1;2—曝气风机泵 2;3—电控箱;4—格栅池;5—曝气沉砂池;
6—竖流式沉淀池;7—MBR 反应池;8—隔膜泵;9—曝气头;10—出水流量计;
11—进水流量计;12—气体流量计(曝气风机泵 1);13—反应膜;14—清水箱;
15—中间水箱;16—中间水箱提升泵;17—原水箱;18—搅拌电机;19—原水进水提升泵;
20—气体流量计(曝气风机泵 2);21—进水调节阀;22—进水流量计

图 7-1　实验设备简图

(二)试剂

重铬酸钾标准溶液、试亚铁灵指示剂、硫酸亚铁铵溶液、硫酸-硫酸银溶液。

四、实验步骤

首先必须认清组成装置的所有构建物设备和连接管路的作用,以及相互之间的关系,了解设备的工作原理。经清水试运行后,确认设备动作正常,池体和管路无漏水后,方可开始设备的启动和运行。

(1)开启电控箱上的电源开关,设备接入电源,关闭设备中所有的阀门,准备实验。

(2)在原水箱中注入实验所需量的原水,根据实验需求,加入实验设计的药剂,打开原水箱上的搅拌电机,使药剂与原水充分混合反应。

（3）按下电控箱上的提升泵按钮，原水箱中的废水经加药搅拌后提升进入格栅池，调节进水调节阀，控制原水的处理量。

（4）打开曝气风机泵 2，格栅池内的水进入曝气沉砂池，然后进入沉淀池进行沉淀，通过调节气体流量计，可以控制进入曝气沉砂池的气体量。

（5）沉淀池内的水进入中间水箱，按下中间水箱提升泵按钮，将水提升进入 MBR 反应池，利用 MBR 膜进行净化处理。通过调节进水流量计控制进水量和进水速度。

（6）当 MBR 膜完全浸入水样中时，可按下隔膜泵按钮，隔膜泵运行，将通过 MBR 膜净化得到的清水抽入清水箱中。为了确保反应过程中的氧气含量足够，按下曝气风机泵 1 的按钮，空气通过曝气风机泵 1 进入反应池，并由曝气头释放出来。调节气体流量计，控制进入反应池的风量的大小，当风量过大时，还可以去除 MBR 膜上的杂质。

（7）实验过程中，可通过检测进出水水质指标，进行实验设备的数据处理。

（8）实验结束后，关闭所有水泵及气泵，打开水箱放空阀，关闭电源开关。

五、数据记录与处理

（1）记录 MBR 反应池内的 MLSS 和 DO 的大小。

（2）列表记录各个进水及各个出水流量下水样的 COD 及磷浓度，并计算相应的去除率。

（3）在上述 MLSS 和 DO 条件下，做出 COD、磷浓度及其各自去除率随流量的变化曲线。

第二节　大气污染控制工程实验

实验一　环境空气 TSP、PM_{10} 和 $PM_{2.5}$ 的测定——重量法

一、实验目的

（1）掌握空气中可吸入颗粒物（PM_{10}）和总悬浮颗粒物（TSP）采样点的布设。

（2）掌握重量法测定空气中 TSP、PM_{10} 和 $PM_{2.5}$ 的基本原理。

（3）了解空气中 TSP、PM_{10} 和 $PM_{2.5}$ 的来源及对人体的危害。

（4）分析影响测定准确度的因素及控制方法。

二、实验原理

运用一定切割特性的采样器，匀速抽取一定量体积的空气，在已知质量的滤膜上截留环境空气中的 $PM_{2.5}$ 和 PM_{10}，根据采样前后滤膜的重量差和采样体积，计算出 $PM_{2.5}$ 和 PM_{10} 浓度。

三、仪器与材料

大气采样器，PM_{10} 和 $PM_{2.5}$ 切割器，滤膜，分析天平，烘箱。

四、实验步骤

（一）称量滤膜

在滤膜称量之前，需要对滤膜进行检查。首先对滤膜进行透光检查，确认无针孔或其他缺陷并去除滤膜周边的绒毛后，放入平衡室内平衡 24h。在样品滤膜称量之前，需进行标准滤膜的称量：取清洁滤膜若干，在平衡室内称量，保证每一张滤膜称量 10 次以上，并且计算每一张滤膜质量的平均值，得出滤膜的原始质量，即为标准滤膜的质量。在平衡室内迅速称量已平衡 24h 的清洁滤膜（或样品滤膜），读数精确至 0.01mg，并迅速称量标准滤膜两张，若称量的质量与标准滤膜的质量相差小于 5mg，记下清洁滤膜（或样品滤膜）储存袋的编号和相应滤膜质量，并将其放入滤膜储存袋中，然后储存于盒内备用；若质量相差大于 5mg，则应检查称量环境是否符合要求，并重新称量该样品滤膜。

（二）采样点的布置

采样点的设置依据以下原则进行。

（1）将整个监测区分成高、中、低三种不同污染物的地方，并且在这三种地方分别设置采样点。

（2）当污染源较为集中、主导风向较为明显时，主要监测范围就可以确定在污染源的下风向,在下风向布设较多的采样点,在上风向布设较少的采样点作为对照。

(3)采样点四周应该保持开阔,采样口水平线和周围遮挡物的高度夹角应该小于或等于30°,还要保证检测点四周没有局部污染源,并且应该避让树木和吸附能力较强的建筑物。交通密集区的采样点应设在距人行道边缘至少1.5m处。

(4)采样口应在离地面1.5~2m处;如果放在屋顶上采样,采样口应保持与地面有1.5m以上的相对高度,以避免扬尘的影响。

(5)采样点的数目及布点方法:在一个监测区域内,采样点设置数目应根据监测范围大小、污染物空间分布和地形地貌特征、人口分布及其密度、经济条件等因素综合考虑确定。一般情况下,采样点数目是与经济投资和精度要求相关的效益函数。监测区域内采样点总数确定后,可采用经验法、统计法和模拟法等进行采样点布设,常见的布点方法有功能区布点法、网格布点法、同心圆布点法和扇形布点法等。在实际工作中,应因地制宜,使采样点的设置趋于合理,往往采用以一种布点方法为主、其他方法为辅的综合布点方法。

(三)采样阶段

(1)采样系统的组装。按图7-2的连接方式将采样器安装在选定的位置上,采样器高度距地面1.2m,再连接电路,在未确认连接正确之前不得接通电源。

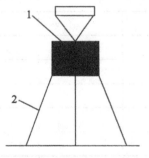

1—PM$_{10}$采样器;2—三脚架

图7-2　大气采样装置图

(2)安装油层。将已称量好的清洁滤膜从储存袋中取出,毛面朝上迎对气流方向。平放在采样器的托盘上,按紧加固圈和密封圈后,拧紧采样夹。

(3)按预定流量(一般为 100L/min)开始采样时,开启计时开关,并记录环境空气中大气压力、温度、风向和风速等参数。

(4)测定日平均浓度一般从当日上午 8:00 开始采样,至次日 8:00 结束。

在环境空气监测中,按 HJ/T 194—2017 的要求来执行采样环境及采样频率。采样的时候,采样器入口与地面应保持不得低于 1.5m。采样地的风速应该小于 8m/s。采样点需避开污染源和障碍物。如果测定交通枢纽处的 PM_{10} 和 $PM_{2.5}$,采样点应布置在距人行道边缘外侧 1m 处。当采用间断采样方式测定日平均浓度时,其次数应多于 4 次,累积采样时间应该大于或等于 18h。采样时,用镊子把已经称重的滤膜放置在采样夹内的滤网上,滤膜毛面面对进气方向。然后将滤膜牢固压紧至不漏气。如测定任何一次浓度,每次需更换滤膜;如测日平均浓度,样品可采集在一张滤膜上。采样结束后,用镊子取出,将有尘面对折两次,放入样品盒或纸袋,并做好采样记录。

(5)样品保存。采样结束后,如不能立即称重滤膜,应将其冷藏保存在 4℃条件下。

五、数据记录与处理

将实验数据填入表 7-2。

表 7-2 采样记录表

采样地点:＿＿＿＿＿　　温度:＿＿＿＿＿　　压强:＿＿＿＿＿

实验编号				
风速/(m/s)				
采样流量/(m³/s)				
采样时间/min				
清洁滤膜质量/g				
尘膜质量/g				
样品质量/g				
TSP 浓度/(mg/m³)				
$PM_{2.5}$ 浓度/(mg/m³)				
PM_{10} 浓度/(mg/m³)				

实验二 机械振打袋式除尘器除尘实验

一、实验目的

(1)了解袋式除尘器的除尘原理。

(2)观察含尘气流在袋式除尘器内的运动状况。

(3)根据实验数据计算除尘效率。

二、实验原理

含尘气流会从圆筒形滤袋的底部进入,在经过滤料间隙的时候,粉尘会积攒在其内表面,清洁气体穿过滤料从排出口排出。堆积在滤料上的粉尘由于机械振动会从滤料内表面脱落,汇入灰斗中,从而完成气体除尘过程。

三、实验装置

机械振打袋式除尘装置如图 7-3 所示。

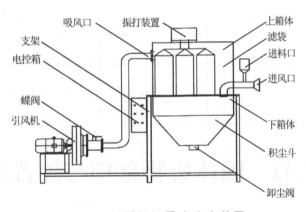

图 7-3 机械振打袋式除尘装置

四、实验步骤

(1)认识并检查实验流程。

(2)称量准备加入的粉尘质量 m,并对粉尘进行筛分、称重,记录各粒径范围内的粉尘质量 $m_1 \sim m_n$。

(3)将称量好的粉尘一并加入粉尘入口锥斗中。

（4）接通电源，再开启风机。

（5）开启粉尘入口阀，将粉尘由进料口中投入。

（6）停风机，开振动装置，振打滤袋，收集粉尘。

（7）称量集灰瓶内的粉尘 m'，并将其进行筛分、称重，记录各粒径范围内的粉尘质量 $m'_1 \sim m'_n$。

五、数据记录与处理

将实验数据记入表 7-3、表 7-4。

表 7-3　袋式除尘器分离效率

序号	空瓶质量/g	瓶与加尘量/g	加尘量/g	瓶与集尘量/g	集尘量/g	分离效率/%
1						
2						
3						

表 7-4　袋式除尘器分级效率

粒径范围/目	加尘量/g	集尘量/g	频数分布/%	分离效率/%

第三节　固体废物处理与处置实验

实验一　固体废物的粒度分析实验

一、实验目的

（1）了解筛析法测物体粒度分布的原理和方法。

（2）根据筛析法所得数据绘制粒度累积分布曲线和频率分布曲线。

二、实验原理

筛分技术是利用筛子将松散的固体废物分为两种或多种粒度级别的分选方法,筛分也称为筛选。

粒度分布通常是指将粉末试样按粒度不同分为若干级,每一级粉末(按质量、数量或体积)所占的百分率。它可用粒度分布表格、粒度分布图和函数形式表示颗粒群粒径的分布状态。粒度测定方法有多种,常用的有筛析法、沉降法、激光法、小孔通过法、吸附法等。本实验用筛析法测粉体粒度分布。筛析法是目前最简单,也是应用得最早和最广泛的粒度测定方法,利用筛析方法不仅可以测定粒度分布,还可以通过绘制累积粒度特性曲线,得到累积产率 50% 时的平均粒度。

筛析法是让粉体试样通过一系列不同筛孔的标准筛,将其分离成若干个粒级,分别称重,求得以质量百分数表示的粒度分布。筛析法适用于 $20\mu m \sim 100mm$ 的粒度分布测量。如采用电成形筛(微孔筛),其筛孔尺寸可小至 $5\mu m$,甚至更小。

筛孔的大小通常用"目"表示,其含义是每英寸(2.54cm)长度上筛孔的数目。也有用 1cm 长度上的孔数或 1cm 筛面上的孔数表示的,还有的直接用筛孔的尺寸来表示。筛析法常使用标准套筛,标准筛的筛制按国际标准化组织(ISO)推荐的筛孔为 1mm 的筛子作为基筛;也可以采用泰勒筛,筛孔尺寸为 0.074 mm(200 目)。

为了使不同粒度的物料通过筛面分离,必须使物料和筛面之间具有适当的相对运动,使物料松散并按颗粒大小分层,形成粗粒位于上层、细粒位于下层的规则排列,细粒通过筛孔分离。细粒小于筛孔尺寸 3/4 的颗粒很容易通过筛面而筛出,称为"易筛粒";粒度大于筛孔尺寸 3/4 的颗粒通过筛面而筛出的难度增大,而且粒度越接近筛孔尺寸就越难筛出,称为"难筛粒"。除了常用的手筛分、机械筛分、湿法筛分,还有空气喷射筛分、声筛法、淘筛法和自组筛等,其筛析结果往往采用频率分布和累积分布来表示颗粒的粒度分布。频率分布表示各个粒径相对应的颗粒百分含量(微分型);累积分布表示小于(或大于)某粒径的颗粒占全部颗粒的百分含量与该粒径的关系(积分型)。用表格或图形来直观表示颗粒粒径的频率分布和累积分布。

筛分效果的好坏需要利用筛分效率来评价。所谓筛分效率是指筛下的产品质量与入筛废物中所含小于筛孔尺寸的颗粒质量之比,用百分数表示,即:

$$\eta = \frac{m_1\beta}{m\alpha} \times 100\% \qquad (7\text{-}1)$$

式中:η —— 筛分效率,%;

　　m_1 —— 筛下的产品质量,t;

　　m —— 入筛固体废物质量,t,$m = m_1 + m_2$;

　　m_2 —— 筛上的产品质量,t;

　　α —— 入筛废物中所含小于筛孔尺寸的颗粒含量;。

在实际筛分过程中测定 m_1 和 m_2 是比较困难的,为了便于计算,定义 β 为筛下产品中小于筛孔尺寸的物料含量,那么入筛废物中小于筛孔尺寸的物料质量可表示为:

$$ma = m_1\beta + m_2\theta \qquad (7\text{-}2)$$

式中:θ —— 筛上产品中所含小于筛孔尺寸的颗粒含量。

将式(7-2)代入式(7-1)得:

$$\eta = \frac{\beta(\alpha - \beta)}{\alpha(\beta - \theta)} \times 100\% \qquad (7\text{-}3)$$

筛析法使用的设备简单,操作方便,但筛分结果受颗粒形状的影响较大,粒度分布的粒级较粗,测试下限超过 $38\mu m$ 时,筛分时间长,也容易堵塞。筛分所测得的颗粒大小分布还取决于下列因素:筛分的持续时间、筛孔的偏差、筛子的磨损、观察和实验误差、取样误差、不同筛子和不同操作的影响等。

三、实验设备与材料

标准筛 1 套;天平 1 架;搪瓷盘 2 个;烘箱 1 个。

四、实验内容和步骤

干筛法是将置于筛中一定质量的粉料试样,借助于机械振动或手工拍打,使细粉通过筛网,直至筛分完全后,根据筛下物质量和试样重量,求出粉体试样的筛余量。

(一)设备仪器准备

将需要的标准筛、振筛机、天平、搪瓷盘和烘箱准备好。

(二)具体操作步骤

(1)试样制备。试样放入烘箱中烘干至恒重,准确称取 150g(松装密度大于 1.5g/cm³ 的取 100g)。

(2)套筛按孔径由大至小顺序叠好,并装上筛底,安装在振筛机上,将称好的试样倒入最上层筛子,加上筛盖。

(3)检查一遍套筛是否已完全固定好。

(4)预筛,筛分时间为 8s。

(5)预筛后,检查套筛是否固定好,如果没有问题,继续筛分 10min,然后依次将每层筛子取下。

(6)小心取出试样,分别称量各筛上和底盘中的试样质量,并记录于表 7-5 中。

(7)检查各层筛面试样的质量总和与原试样质量之误差,误差不应超过 2%,此时可把所损失的质量加在最细粒级中;若误差超过 2%,则实验重新进行。

五、实验数据处理与分析

(一)干筛法筛分结果数据可按表 7-5 的形式记录

试样名称:　　　　　　　试样质量:　　　　　g

测试日期:　　　　　　　筛分时间:　　　　　min

表 7-5　干筛法筛分结果数据记录分析表

标准筛		筛上物 质量/g	分级质量 百分率/%	筛上累计/%	筛下累计/%
筛目	筛孔尺寸/mm				

续表

标准筛		筛上物	分级质量	筛上累计/%	筛下累/计%
筛目	筛孔尺寸/mm	质量/g	百分率/%		

(二)数据处理

$$实验误差 = \frac{式样质量 - 筛析总质量}{试样质量} \times 100\%$$

根据实验结果记录,绘制筛上累积分布曲线 R,筛下累积分布曲线 D,频率分布曲线(粒度 Δd 尽量减小,通常可取 $\Delta d = 0.5\text{mm}$),根据计算与作图可了解粉末的粒度范围、组成情况及平均粒度级。

(三)结果分析

一个筛子的各个筛孔可以看作一系列的量规,当颗粒处于筛孔上时,有的颗粒可以通过而有的颗粒不能通过。颗粒位于某一筛孔处的概率由下列因素决定:粉末颗粒的大小分布;筛面上颗粒的数量;颗粒的物理性质(如表面积);摇动筛子的方法;筛子表面的几何形状(如开口面积/总面积)。颗粒是否能通过筛孔取决于颗粒的尺寸和颗粒在筛面上的角度。

筛分所测得的颗粒大小分布还取决于下列因素:筛分的持续时间;筛孔的偏差;筛子的磨损;观察和实验误差;取样误差;不同筛子和不同操作的影响。

实验二　有机固体废物好氧堆肥虚拟仿真实验

一、实验目的

(1)加深对好氧堆肥的理解。

(2)了解好氧堆肥过程中的各种影响因素和控制措施。

二、实验原理

好氧堆肥是在通气条件好、氧气充足的条件下,好氧菌对废物进行吸收、氧化以及分解的过程。好氧微生物通过自身的生命活动,把一部分被吸收的有机物氧化成简单的无机物,同时释放出可供微生物生长活动所需的能量,而另一部分有机物则被合成新的细胞质,使微生物不断生长繁殖,产生出更多生物体。通常好氧堆肥的堆温较高,一般为 55～60℃,所以好氧堆肥也称高温堆肥。高温堆肥可以最大限度地杀灭病原菌,同时,高温堆肥对有机质的降解速度较快,堆肥所需天数少,臭气发生量少,是堆肥化的首选。

好氧堆肥会受以下一些控制因素的影响。

(一)含水率

在堆肥过程中,水分是一个重要的物理因素,水分含量是指整个堆体的含水量。水分的主要作用有两个:一是溶解有机物,参与微生物的新陈代谢;二是调节堆肥温度,温度过高时,通过水分的蒸发,带走一部分热量。水分的多少,直接影响好氧堆肥反应速度的快慢,影响堆肥的质量,甚至关系到好氧堆肥工艺的成败。在堆肥期间,如果含水率低于 15%,细菌的代谢作用会普遍停止;含水率太高,会使堆体内的自由空间减少、通气性差,形成微生物发酵的厌氧状态,产生臭味,减慢降解速度,延长堆腐时间。

(二)温度

微生物活性是保证有机固废堆肥化的根本内因,而温度是影响微生物活性的关键因素。好氧堆肥是一个变温过程,嗜中温菌和嗜热菌分别在不同温度阶段发挥主要作用,最适温度分别为 30～40℃、50～60℃。升温和降温阶段的堆体温度一般低于 45℃,此阶段以嗜中温菌为主;高温阶段的堆体温度一般为45～60℃,此阶段的嗜中温菌活性受到抑制或死亡,数量变少,嗜热菌数量增多并占主导地位。研究发现,嗜热菌对有机固体废物的降解能力明显高于嗜中温菌,可通过维持一定时间的高温,充分发挥嗜热菌对有机固体废物的降解能力,缩短堆肥周期。

(三)pH 值

pH 值是显著影响有机固废好氧堆肥进程的另一个重要参数。适宜细菌生长的 pH 范围为 6.0~7.5,适宜放线菌生长的 pH 范围为 5.5~8.0。巴拉德瓦杰研究 pH 对微生物活性的影响时发现,对堆体中大部分微生物来说,最适合生长的 pH 范围为 6.5~7.5。我国一些学者认为好氧堆肥最适宜的 pH 是中性或弱酸性(6-9)。好氧堆肥进程中 pH 值是动态变化的:起始阶段,由于微生物将有机固废分解为大量小分子的挥发性脂肪酸(VFAs)和 CO_2,pH 值通常较低;随着反应的进行,温度升高,VFAs 被微生物吸收利用,CO_2 挥发,蛋白质分解产生 NH_3,pH 值逐渐升高。值得注意的是,pH 值也会影响堆肥中氮的存在形式,进而影响堆肥产品最终的氮素损失。

(四)C/N 比

碳是微生物的主要能量来源,并且一小部分碳素参与微生物细胞的组成,细菌干细胞质量的 50% 以上是蛋白质,氮作为蛋白质组成的主要元素,对微生物种群的增加影响巨大。一般用 C/N 比表征这两种主要营养元素在堆肥中的平衡关系。当氮素受限制(C/N 比较高)时,微生物种群会长时间保持在较少的状态,并且需要更长的时间降解可生化的碳;当氮素过量(C/N 比较低)时,氮素供应超过了微生物的需求,结果往往以 NH_3 的形式从系统中挥发而流失。因此,需要综合考虑促进微生物降解和氮固定,合适的 C/N 比为 30:1。在国内堆肥的研究和应用中,一般认为初始阶段物料合适的 C/N 比为(25~35):1。

(五)通风量

在好氧堆肥的实际运行过程中,供风系统的通气量是最重要的工艺参数。在供风系统设备条件确定以后,通气量受控于堆体的通气能力,主要是堆体的粒度和含水率。在堆肥发酵后期达到腐熟后,堆体的通气能力也会下降。控制供风系统的通气量,避免过度通气是出于下列原因的考虑:①运行能耗;②通风降低堆肥温度;③通风形成水分蒸发。

(六)其他因素

有机固废好氧堆肥过程还受原料理化性质的影响,如底物的颗粒度大小、含盐量和油脂含量(主要针对餐厨垃圾)等。对堆肥原料进行粉碎预处理,使其具有适宜的粒径,可以有效调节堆体通气透水性能,防止底物粒径过小而形成局部厌氧环境,也可以避免底物粒径过大而造成降解过程中堆体坍塌,影响升温。一般认为适合餐厨垃圾好氧堆肥的粒径大小为 5~10mm,秸秆等适宜破碎的粒径为 10~50mm。

三、实验设备与材料

主要设备和仪表:电板箱、水浴循环系统、温度传感器、进水流量计、搅拌电机、堆肥反应池、气体流量计、取样口、卸料口、渗滤液排放管、提升泵、水浴循环水泵、恒温水浴罐。

本实验中的主要设备为恒温堆肥反应池,这是一种效率比较高的发酵设备。

四、实验内容和步骤

(一)实验方案

实验选取猪粪及秸秆作为实验对象,通过控制反应条件,监测反应过程中参数的变化。

主要控制参数如下:

(1)发酵温度范围:起始 15~40℃,高温 60~70℃,腐熟 40℃。

(2)处理垃圾:50~70L/次。

(3)供氧量:0.1~0.2m³/min。

(4)堆肥原料含水率:50%左右。

(5)C/N:20~30。

(6)C/P:72~150。

(7)pH 控制范围:起始 5.5~6.0,后续 8.5~9.0。

(8)搅拌速度:0~100r/min,

(二)物料初始参数(见表 7-6)

表 7-6　物料初始参数

物料	含水率/% (湿)	有机质 含量/%	TC/%	TN/%	C/N	TP/%	C/P
猪粪	72.77	82.55	42.61	3.24	13.16	4.98	8.56
秸秆	5.13	92.42	43.87	0.88	49.69	0.11	398.83
猪类:秸秆 =1:2	27.67	89.13	43.45	1.67	26.07	1.73	25.07

(三)实验的主要操作流程

1.首先检查设备有无异常(漏电、漏水等),一切正常后开始操作。

2.将有机物在柱内进行填埋、堆肥至罐体体积80%左右。

3.调节搅拌速度、物料含水率、水浴温度、曝气量等,控制反应在最适宜的条件下进行。

4.每天记录1次监测数据,观察并分析反应过程中堆肥参数的变化过程及原因。

5.反应结束后,卸除余料,关闭所有电源,检查设备状况,没有问题后离开。

实验装置流程图如图7-4所示。

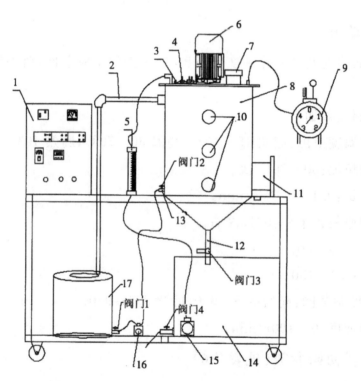

1—电板箱;2—水浴循环出口管道;3—排气阀;4—温度传感器;5—进水流量计;6—搅拌电机;7—进料口;8—堆肥反应池;9—流量计;10—取样口;11—卸料口;12—渗滤液排放管;13—水浴循环进口;14—水箱;15—提升泵;16—水浴循环水泵;17—恒温小泡浴罐

图7-4 好氧堆肥实验装置图

五、注意事项

(一)含水率的调节

水分较低时加入水或加入含水率较高的添加剂,过高时可摊开晾干或添加松散吸水物。

(二)臭气问题

可以通过过程控制以及末端处理的方式解决臭气问题。过程控制就是在发酵过程中,充分地保证氧气的供应,抑制厌氧反应,基本不允许硫化氢等气体产生。末端处理就是后续增加生物滤池作为应急系统,万一存在臭气,可以马上开启。

(三)pH 问题

一般能通过堆肥过程自身得到调解,无须添加中和剂。若 pH 值过低,可通过通风来补救。

六、实验数据处理与分析

实验数据处理见表 7-7。

表 7-7　好氧堆肥实验数据表

含水率/%(湿)			有机质含量/%			TN		C/N	TP	C/P
27.67			89.13			43.45		1.67	26.07	1.73
序号	时间/d	温度/℃	含水率/%	PH	TC/%	TN/%	C/N/%	铵态氮/(g/kg)	硝态氮/(g/kg)	速效钾/(g/kg)
0	0	25	65	5.6	43.45	1.67	26.07	0.5	0.1	85
1	0.5									
2	1									
3	1.5									
4	2									
5	2.5									
6	3									
7	3.5									
8	4									
9	4.5									
10	5									
11	5.5									
12	6									

13	6.5								
14	7								
15	7.5								
16	8								
17	8.5								
18	9								
19	9.5								
20	10								
21	10.5								
22	11								
23	11.5								
24	12								
25	12.5								
26	13								
27	13.5								
28	14								
29	14.5								
30	15								
31	15.5								
32	16								

根据好氧堆肥过程温度、pH、TC、TN、C/N、铵态氮、硝态氮、速效钾、含水率变化绘制散点图。

实验结果分析与讨论：

(1)堆肥过程中温度的变化。

(2)堆肥过程中 pH 值的变化。

(3)随着反应过程进行的 TC、TN、C/N 值的变化趋势。

(4)反应过程中铵态氮、硝态氮的变化。

(5)速效钾的变化。

(6)含水率随着反应过程的变化。

第四节　环境噪声控制实验

实验一　城市道路交通噪声测量

一、实验目的

随着城市道路交通的飞速发展,交通噪声污染的问题也日益突出。在影响人居环境的各种噪声中,无论从噪声污染面还是从噪声强度来看,道路交通噪声都是最主要的噪声源。道路交通噪声对人居环境的影响特点是干扰时间长、污染面广、噪声级别较高。通过道路交通噪声测量,不仅可以掌握城市道路交通噪声的污染情况,还可以指导城市道路规划。道路交通噪声的测量可参照声音环境质量标准中的相关要求进行。测量方法有普查监测法和定点监测法两种,本实验采用定点监测法测量某一路段的交通噪声。

通过本实验,希望达到以下目的。

(1)通过对城市道路交通噪声的测量,加深对道路交通噪声特征的理解。

(2)掌握道路交通噪声的评价指标与评价方法。

二、实验原理

道路交通噪声除了可采用"城市区域环境噪声测量"中介绍的等效连续 A 声级来评价外,还可采用累计百分声级来评价噪声的变化。在规定的测量时间内,有 N％时间的 A 计权声级超过某一噪声级,该噪声级就称为累计百分声级,用 L_N 表示,单位为 dB。

累计百分声级用来表示随时间起伏的无规则噪声的声级分布特性,最常用的是 L_{10}、L_{50} 和 L_{90}。L_{10} 表示在测量时间内,有 10％时间的噪声级超过此值,相当于峰值噪声级;L_{50} 表示在测量时间内,有 50％时间的噪声级超过此值,相当于中值噪声级;L_{90} 表示在测量时间内,有 90％时间的噪声级超过此值,相当于本底噪声级。

如果数据采集是按等时间间隔进行的,则 L_N 也表示有 N％的数据超过的噪声级。一般 L_N 和 L_{Aeq} 之间有如下近似关系:

$$L_{Aeq} \approx L_{50} + \frac{(L_{10} - L_{90})^2}{60} \qquad (7\text{-}4)$$

道路交通噪声的测点应选在两路口之间道路边的人行道上,离车行道的路沿 20cm 处,此处与路口的距离应大于 50m,这样该测点的噪声可以代表两路口间的该段道路的交通噪声。本实验要在规定的测量时间段内,在各测点取样测量 20min 的等效连续 A 声级 L_{Aeq} 以及累计百分声级 L_{10}、L_{50}、L_{90},同时记录车流量(辆/h)。

三、实验装置与设备

测量仪器是精度为 2 型以上的积分式声级计或环境噪声自动监测仪,其性能符合 GB 3785 的要求。测量前后使用声级校准器来校准测量仪器的示值,偏差应不大于 0.5dB,否则测量无效。测量应选在无雨、无雪的天气条件下进行,风速达到 5m/s 以上时停止测量。测量时传声器加风罩。

四、实验步骤

(1)选定某一交通干线作为测量路段,测点选在两路口之间道路边的人行道上,离车行道的路沿 20cm 处,此处与路口的距离应大于 50m,在测量路段上布置 5 个测点,画出测点布置图。

(2)采用声级校准器对测量仪器进行校准,并记录校准值。

(3)连续进行 20min 的交通噪声测量,并采用 2 只计数器分别记录大型车和小型车的数量。

(4)分别在同一路段的 5 个不同测点重复以上测量。

(5)测量完成后对测量设备进行再次校准,记下校准值。

五、实验结果整理

(一)记录实验基本参数

实验日期:_____ 年 _____ 月 _____ 日

测量时段:_____

气象状态:温度:_____ 相对湿度:_____

测量设备、型号：_____

测量前校准值：_____　　　测量后校准值：_____

绘出测点示意图，按表 7-8 记录实验数据。

表 7-8　城市道路交通噪声测量实验数据记录表

测量点	L_{Aeq}	L_{10}	L_{50}	L_{90}	车流量/(辆/h)	
					大型车	小型车

(二)计算噪声平均值

根据在 5 个不同测点测量的噪声值，按路段长度进行加权算术平均，得出某交通干线区域的环境噪声平均值，计算式如下：

$$L = \frac{1}{l} \sum_{i=1}^{n} l_i L_i \tag{7-5}$$

式中：L ——某交通干线两侧区域的环境噪声平均值，dB；

l ——典型路段的加和长度，$l = \sum_{i=1}^{n} l_i$，km；

l_i ——第 i 段典型路段的长度，km；

L_i ——第 i 段典型路段测得的等效声级 L_{Aeq} 或累计百分声级 L_{10}、L_{50}、L_{90}，dB。

实验二　工业企业噪声排放测量

一、实验目的

工厂和一些企事业单位存在的噪声源（如机器设备、空调机组等）有可能对周围环境产生噪声污染。为控制工业企业厂界噪声的危害，国家制定了《工业企业厂界环境噪声排放标准》，用于进行工厂及有可能造成噪声污染的企事业单位的边界噪声测量。通过本实验，希望达到以下目的。

（1）通过参与工业企业噪声排放的测量,熟悉噪声排放的测量过程与方法。

（2）掌握工业企业噪声排放的评价方法以及工业企业噪声排放的限值。

二、实验原理

工业企业噪声排放的评价指标主要为 A 计权声级 L_A 和等效连续 A 声级 L_{Aeq}。工业企业噪声常具有非稳态特征（在测量时间内,声级起伏不大于 3dB（A）的噪声称为稳态噪声;在测量时间内,被测声源的声级起伏大于 3dB（A）的噪声称为非稳态噪声）。

测量时要求在无雨、无雪的天气条件下进行,风速达到 5.5m/s 以上时停止测量。测量时间为被测企事业单位的正常工作时间。

用声级计采样时,仪器动态特性为"慢"响应,采样时间间隔为 5s;用环境噪声自动监测仪采样时,仪器动态特性为"快"响应,采样时间间隔不大于 1s。

稳态噪声的测量值为 1min 的等效声级。若被测声源是非稳态噪声,则应测量被测声源正常工作时段内的等效声级,夜间同时测量最大声级。

测点位置选在工业企业法定边界外 1m,高度 1.2m 以上,对应被测声源、距任一反射面不小于 1m 的位置。当法定边界外有噪声敏感建筑物或被规划为噪声敏感建筑物用地时,测点应选在法定边界外 1m、围墙 0.5m 以上的位置。当法定边界无法测量到声源的实际排放时（如声源位于高空、法定边界为声屏障等）,在受影响的噪声敏感建筑物户外 1m 处测量。

噪声排放单位与噪声敏感建筑物位于同一建筑或相邻建筑时,若空气传声,户外具备监测条件时,应选择在室外测量,采用户外标准进行评价。当噪声排放单位与噪声敏感建筑物相距很近（如小于 2m）,在室外设点不能满足标准点位设置的一般要求时,点位应选择在室内距任一反射面不小于 1m、距地面 1.2～1.5m 的噪声较高处。在固体传声时,考虑到固体传声主要是通过建筑物本身的结构沿着墙体、楼板将声音传至敏感建筑物的室内,因此将测点设在室内距任一反射面不小于 1m、距地面 1.2～1.5m 的噪声较高处,同时关闭门窗。

厂界噪声测量中经常出现周围环境噪声的差异在 10dB（A）以内的情况,因此必须进行背景噪声的测量。背景噪声是指被测量噪声源以外的声源发出的噪声的总和。

《工业企业厂界环境噪声排放标准》中规定了工业企业的厂界噪声排放限值

（见表7-9）。

表7-9 工业企业厂界噪声排放限值（单位:dB）

类别	昼间	夜间
0	50	40
1	55	45
2	60	50
3	65	55
4	70	55

三、实验装置与设备

测量仪器是精度为2型以上的积分声级计或环境噪声自动监测仪。应定期校验,并在测量前后进行校准,灵敏度相差不得大于0.5dB,否则测量无效。测量时传声器加风罩。

四、实验步骤

(1)选定测量区域,调查其边界周围可能存在的敏感点(如居民、教室等需要特别安静的区域),画出测量区域厂界以及测点布置图。

(2)采用声级校准器对测量设备进行校准,记下校准值。

(3)按要求设定测试设备以及测点位置。

(4)在每一测点测量,计算正常工作时间内的等效声级。

(5)测量各测点的背景噪声。

(6)测量完成后,对测量设备进行再一次校准,记下校准值。

五、实验结果整理

(一)记录实验基本参数

实验日期:_____年_____月_____日

测量时段:_____

气象状态:温度:_____ 相对湿度:_____

测量设备、型号:_____

测量前校准值:_____ 测量后校准值:_____

（二）背景值修正

背景噪声的声级值应比待测噪声的声级值低 10dB（A）以上，若测量值与背景值的差值小于 10dB（A），则按表 7-10 进行修正。

表 7-10　背景值的修正

测景值与背景值之差/dB	3	4～5	6～10
修正值/dB	—3	—2	—1

（三）测量数据记录

参照表 7-11 记录测量数据。

表 7-11　工业企业厦声排放测量数据记录表

工厂名称	适用标准类型	测量仪器	测量时间	测量人
测点编号	主要噪声源	测量值		测点示意图
		昼间	夜间	
			备注	

参考文献

[1]章非娟,徐竞成.环境工程实验[M].北京:高等教育出版社,2006.

[2]郝瑞霞,吕鉴.水质工程学实验与技术[M].北京:北京工业大学出版社,2006.

[3]李燕城,吴俊奇.水处理实验技术[M].2版.北京:中国建筑工业出版社,2004.

[4]尹奇德,马乐凡,夏畅斌,等.Fe^{2+}-EDTA溶液络合铁还原脱除烟气中NO[J].生态环境,2006,15(2):257-260.

[5]雷中方,刘翔.环境工程学实验[M].北京:化学工业出版社,2007.

[6]尹奇德,廖闾彧,谭翠英.城市污泥中微量铜的催化光度法测定[J].生态环境,2005,14(3):319-320.

[7]彭党聪.水污染控制工程实践教程[M].北京:化学工业出版社,2004.

[8]黄学敏,张承中.大气污染控制工程实践教程[M].北京:化学工业出版社,2003.

[9]尹奇德,夏畅斌,何湘柱.污泥灰对Cd(Ⅱ)和Ni(Ⅱ)离子的吸附作用研究[J].材料保护,2008,41(6):80-82.

[10]陈泽堂.水污染控制工程实验[M].北京:化学工业出版社,2003.

[11]尹奇德,廖闾彧,谭翠英.催化光度法测定城市污泥中的痕量镍[M].分析科学学报,2006,22(3):363-364.

[12]成官文,黄翔峰,朱宗强,等.水污染控制工程实验教学指导书[M].北京:化学工业出版社,2013.

[13]张莉,余训民,祝启坤.环境工程实验指导教程[M].北京:化学工业出版社,2011.

[14]李金城,李艳红,张琴.环境科学与工程实验指南[M].北京:中国环境科学出版社,2009.

[15]国家环境保护总局《水和废水监测分析方法》编委会.水和废水监测分析方法[M].4版.北京:中国环境科学出版社,2002.

[16]周长丽.环境工程原理[M].北京:中国环境科学出版社,2007.

[17]柯葵,朱立明,李嵘.水力学[M].上海:同济大学出版社,2000.

[18]杨志峰,刘静玲,等.环境科学概论[M].北京:高等教育出版社,2008.

[19]郭铠,唐小恒,周绪美.化学反应工程[M].北京:化学工业出版社,2000.

[20]朱炳辰.化学反应工程[M].5版.北京:化学工业出版社,2012.

[21]朱慎林,朴香兰,赵毅红.环境化工技术及应用[M].北京:化学工业出版社,2003.

[22]王志魁.化工原理[M].5版.北京:化学工业出版社,2018.

[23]黄文强.吸附分离材料[M].北京:化学工业出版社,2005.

[24]冯孝庭.吸附分离技术[M].北京:化学工业出版社,2000.

[25]蒋维钧,戴猷元,顾惠君,等.化工原理(上、下)[M].2版.北京:清华大学出版社,2003.

[26]何潮洪,窦梅,朱明乔,等.化工原理习题精解(上、下)[M].北京:科学出版社,2003.

[27]林爱光.《化学工程基础》学习指引和习题解答[M].北京:清华大学出版社,2003.

[28]陈甘棠.化学反应工程[M].北京:化学工业出版社,2001.

[29]许保玖,龙腾锐.当代给水与废水处理原理[M].2版.北京:高等教育出版社,2000.

[30]郭锴,唐小恒,周绪美.化学反应工程[M].北京:化学工业出版社,2000.